爱上科学 一定要知道的科普经典

·新课标科学课程读物·

课堂上学不到的化学

KETANG SHANG XUE BUDAO DE HUAXUE

李禾 / 编

中国华侨出版社
北京

图书在版编目（CIP）数据

课堂上学不到的化学 / 李禾编. — 北京：中国华侨出版社，2013.3（2020.5重印）
（爱上科学一定要知道的科普经典）

ISBN 978-7-5113-3340-7

Ⅰ.①课… Ⅱ.①李… Ⅲ.①化学－青年读物②化学－少年读物 Ⅳ.①O6-49

中国版本图书馆CIP数据核字（2013）第043185号

爱上科学一定要知道的科普经典·课堂上学不到的化学

编　　者：	李　禾
责任编辑：	叶　辞
封面设计：	阳春白雪
文字编辑：	魏　雯
美术编辑：	宇　枫
经　　销：	新华书店
开　　本：	710mm×1000mm　1/16　印张：10　字数：120千字
印　　刷：	三河市万龙印装有限公司
版　　次：	2013年5月第1版　2020年5月第2次印刷
书　　号：	ISBN 978-7-5113-3340-7
定　　价：	38.00元

中国华侨出版社　北京市朝阳区西坝河东里77号楼底商5号　　邮编：100028
法律顾问：陈鹰律师事务所
发 行 部：（010）88866079　　　　　传　真：（010）88877396
网　　址：www.oveaschin.com　　　　E-mail：oveaschin@sina.com

如发现印装质量问题，影响阅读，请与印刷厂联系调换。

一起快乐学科学

科学改变着世界，也改变着人们的生活。现代科学技术的突飞猛进，要求每个人都必须具备科学素质，而科学素质的培养最好能从小抓起。为从小培养青少年的科学精神和创新意识，教育部已将科学确定为小学阶段的基础性课程，科学知识正助梦着青少年的成长成才。学习科学，能激发青少年大胆想象、尊重证据、敢于创新的科学态度。未来是科学的世界，学科学是青少年适应未来的生存需要，更是推动社会前行的现实需要。然而面对林林总总的科学现象和话题，如何以喜闻乐见的方式让青少年获得科学解答，如何让他们在课外获取更多的科学知识，如何让他们在轻松的阅读中爱上科学，基于此，我们精心编撰了《爱上科学，一定要知道的科普经典》系列丛书，以此展现给青少年读者一个神奇而斑斓的科学世界。

科学存在于我们的身边，大自然的各种现象、生活中的各种事物，处处隐藏着科学知识。苹果为什么落地，树叶为什么漂浮在水面上，为什么先有闪电后有雷声，大雪过后为什么特别寂静，太阳为什么东升西落……这些看似极普通的自然现象，都蕴涵着无穷无尽的科学奥秘。《爱

KETANG SHANG XUE BUDAO DE HUAXUE
课堂上学不到的化学
一定要知道的科普经典
AISHANG KEXUE YIDING YAO ZHIDAO DE KEPU JINGDIAN

上科学，一定要知道的科普经典》系列丛书，涵盖自然界和生活中的各类科学现象，对各种科学问题进行完美解答。在这里，不仅有《超能的力》《神秘的光》《神奇的电》，还有《能量帝国》《声音的魔力》《课堂上学不到的化学》等诸多科学知识读物，真正是广大青少年探索科学奥秘的知识宝库。

　　本系列丛书，始终以青少年快乐学习科学为指引。书中话题经典有趣，紧贴生活与自然，抓住青少年最感兴趣的内容，由现象到本质、由浅入深地讲述科学。众多有趣的实验、游戏和故事，契合青少年的快乐心理，使科学知识变得趣味盎然。通俗易懂、生动活泼的语言风格，使科学知识解答更生动，完全没有一般科学读物的晦涩枯燥。精美的插图，或展现某种现象，或解释某种原理，图片与文字相得益彰，为青少年营造了图文并茂的阅读空间。再加上多角度全方位的人性化设计，使本书成为青少年读者轻松学科学的实用版本。

　　走进《爱上科学，一定要知道的科普经典》，让我们在探索科学奥秘中学习知识，在领略科学魅力中收获成长。一起快乐学科学，一起开启精彩纷呈、无限神奇的科学之旅。

目录
MU LU

铅笔"芯"里藏秘密
石墨比铅更合适 …………… 1
2B、2H 和 HB …………… 2

字迹消失了
摩擦带走铅笔屑 …………… 4
解密魔笔之"魔" …………… 5
不扬尘的粉笔擦 …………… 7

千奇百怪的黏胶
分子的"亲密接触" …………… 8
打破万能胶神话 …………… 11
50X：把骨头粘起来 …………… 11

浩白纸张的危机
为什么会发黄 …………… 13
蓝黄互补能增白 …………… 14
致癌的隐患 …………… 15

四季换衣有学问
从棉麻到布料 …………… 16
化纤：蚕和蜘蛛的启示 …………… 17

肥皂为何能去污
污垢大揭秘 …………… 19
两栖分子的威力 …………… 20
硬水"克星" …………… 22

爱上科学 课堂上学不到的化学
一定要知道的科普经典

美发师的"魔法药水"

染发剂：金属离子改变颜色　23
烫发：切断二硫键　……………　24
美丽的代价　………………………　26

果蔬色彩之谜

色素"颜料"　………………………　27
不只为了好看　……………………　29
舌尖上的色彩学　…………………　30

从青香蕉到黑香蕉

越呼吸，越甜软　…………………　31
不和苹果做邻居　…………………　32
冰箱里，一夜变黑　………………　32

百变豆制品

液态更易吸收　……………………　34
点石成豆腐　………………………　36
啊，变臭发霉也能吃　……………　37

当牛奶变成奶酪

为什么不凝固　……………………　38
对付酪蛋白的方法　………………　39
新鲜奶酪像酸奶　…………………　40
身披"毛皮"的软质奶酪　…………　42

小皮蛋，大学问

强碱凝固蛋白质　…………………　43
美丽的松花　………………………　45
蛋黄变成了青黑色　………………　46
铅是从哪儿来的　…………………　46

离不了的食盐

血压的秘密　………………………　48
从大海获得馈赠　…………………　50
加碘少不了　………………………　51
低钠：降盐不降味　………………　52

面包里的洞洞

酵母菌在面团中繁殖 …… 54

二氧化碳四处"逃亡" …… 54

泡打粉和小苏打的秘密 …… 55

来自奶油的致命诱惑

脂肪的沉重负担 …… 56

反式脂肪酸入侵 …… 58

彩色之忧 …… 60

香烟有多毒

尼古丁：可怕的魔鬼 …… 61

被熏黑的肺 …… 62

生活在"毒气工厂"周围 …… 65

泡在酒里的化学

什么是度数 …… 66

为什么说陈酒飘香 …… 67

保质期的疑问 …… 68

酒量不是练出来的 …… 69

会冒泡的啤酒

二氧化碳制造清凉 …… 70

活性剂的作用 …… 71

饮茶学问多

"浓茶醒酒"之谬 …… 72

鞣酸："锈"从这里来 …… 73

隔夜茶到底能不能喝 …… 74

水壶里的"钉子户"——水垢

硬水多杂质 …… 77

用酸来"消化" …… 78

自来水的生产

矾花水：净化第一步 …… 80

复杂的吸附过滤 …… 81

氯气杀菌消毒 …… 82

水火真的不相容吗

水煤气让湿煤烧得更旺 …… 84
浇水比浇油危险 …… 85
变身"烈性炸药" …… 86

微波炉不简单

水分子摩擦生热 …… 87
里外快速升温 …… 88
食物是热的,碗是凉的 …… 89

不透光的盒子——照相机

白头发、黑脸膛 …… 90
画面变得多彩起来 …… 92

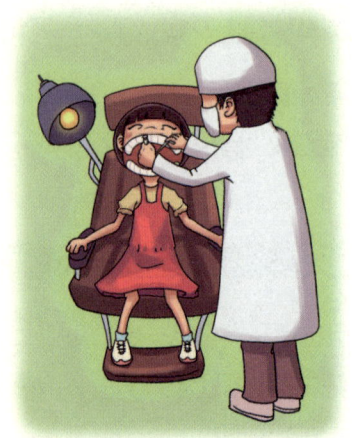

人工制冷知多少

干冰降温又抑菌 …… 93
氟利昂惹祸 …… 94
长眠在液氮中 …… 96

体温计里的"爬高者"

水银是液态金属 …… 97
"上得去,下不来" …… 98
汞珠无孔不入 …… 99
它让制帽工匠发了疯 …… 100

口腔里的化学卫士

含氟牙膏:蛀牙的克星 …… 101
去垢的秘密 …… 103
什么成分能美白 …… 104

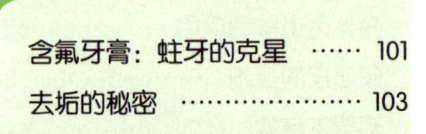

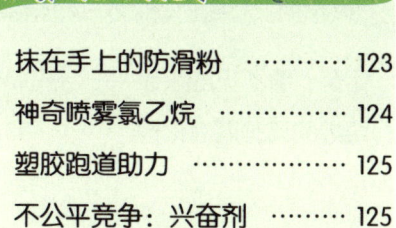

KETANG SHANG XUE BUDAO DE HUAXUE
课堂上学不到的化学
一定要知道的科普经典

揭秘核爆炸

最恐怖的分离和相聚 ……… 116
露出狰狞面孔 ……… 117
核能发电：让魔鬼变天使 … 119

熊熊燃烧的奥运火炬

99% 丙烷做燃料 ……… 120
"双火焰"防风雨 ……… 121
珠峰上，零下 40 度的燃烧 … 122

比赛场上的化学

抹在手上的防滑粉 ……… 123
神奇喷雾氯乙烷 ……… 124
塑胶跑道助力 ……… 125
不公平竞争：兴奋剂 ……… 125

神奇的玻璃

熔化成玻璃水 ……… 105
高温不环保 ……… 106
什么让它变"坚强" ……… 107
一面看得见，一面看不见 … 108

华彩霓虹灯

惰性气体导电 ……… 109
绚烂的冷光 ……… 110
一闪一闪有原因 ……… 111

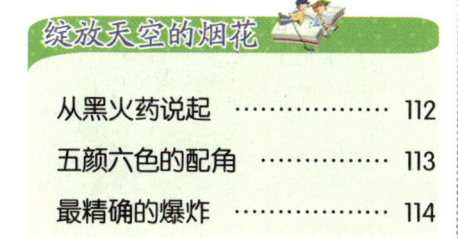

绽放天空的烟花

从黑火药说起 ……… 112
五颜六色的配角 ……… 113
最精确的爆炸 ……… 114

魔术师的秘密

一吹即燃的蜡烛 ……… 128

口吞"烈火" ……… 129

"清水九变"之谜 ……… 130

走进低碳生活

碳是生命的栋梁之材 ……… 132

二氧化碳的怪脾气 ……… 133

从小事做起 ……… 134

装修中的定时炸弹

甲醛：看不见的杀手 ……… 135

奇妙的玛雅蓝净化剂 ……… 136

空中死神——酸雨

气流托不住了 ……… 138

谁给雨水加的"料" ……… 139

被腐蚀的地球 ……… 140

动物化学战

"毒"步天下 ……… 142

五花八门的"炮弹" ……… 143

用气味宣战 ……… 144

植物化学战

休想靠近我 ……… 146

激烈的地盘争夺 ……… 147

铅笔"芯"里藏秘密

> 橡皮是橡胶做的,塑料尺是塑料做的,便签纸是纸做的,那铅笔芯是什么做的?一不留神,你可能就会回答"是铅做的",这可就不对了。

很早以前,人们确实是用金属铅来写字和绘画的,铅笔的名字也是这么来的。不过到20世纪五六十年代,英国坝布里亚郡巴罗代尔一带的牧羊人发现了一种黑色矿物——石墨,用石墨在羊身上画记号,痕迹要比铅浓得多。有人由此受到启发,把石墨切成一些小段,夹在两根木条之间用来写字,从而取代了铅芯。虽然如此,"铅笔"的名字还是保留了下来,只不过早已"名不副实"了。

石墨比铅更合适

人们为什么要用石墨来代替铅呢?当然是因为铅芯本身存在缺点。最初的铅芯其实是用金属铅拉成的铅丝。我们知道,金属铅本来是银白色的,它的表面容易与氧气反应,生成氧化铅,而氧化铅是灰色的,在纸上划过后能留下痕迹,于是,铅笔就这样诞生了。不过很快,这种铅笔的缺点就暴露出来了:颜色很浅,且铅丝容易把纸划破。几十年过去了,人们一直在寻找可以替代金属铅的物质,直到石墨出现。

石墨的优点恰好能够弥补金属铅的缺点。石墨是一种深灰色的矿物质，质地柔软且有滑腻感，因此适于书写而不会把纸划破。一直到今天，石墨仍然是制作笔芯的不二之选。除此之外，石墨还有一个突出的优点，那就是它写出来的字迹可以长期保存。从化学的角度来分析，如果字迹容易变淡，就说明涂抹物质的性质不稳定，从而导致了化学变化，而化学变化的本质在于原子得到或失去电子。通常，电子分层排列在原子内部，且最外层的电子最多只能有8个。假设一个原子的最外层电子多于4个，那么为了凑齐8个，它就会积极抢夺别人的电子，即容易与其他物质发生化学反应；反之如果少于4个，它则会丢掉自己最外层的电子，这样也容易导致化学反应的发生。从这个角度来解释，石墨由碳原子构成，而碳原子的最外层电子刚好是4个，它既不容易失去电子，也不容易得到电子，所以化学性质稳定，这正是用石墨写出来的字迹容易保存的根本原因。

2B、2H和HB

在铅笔杆上，我们经常会看到"2B""2H"和"HB"的标记，这些符号是什么意思呢？它们是标明笔芯不同软硬程度的代号。由于石墨脆而易折断，所以在生产过程中掺入了一些黏土粉末与石墨粉末混合，以增加笔芯的硬度。黏土掺入得越多，笔芯就越硬，反之则越软。"H"指代的是英文单词"hard（硬）"，"B"指代的是英文单词"black（黑）"，石墨含量越高，写出的字越黑，不过这样的笔芯也越软。

不同软硬度的铅笔芯能满足人们在书写、制图、绘画时的不同需要。比如近些年来，全国各地很多考试都开始采用光标机来阅卷，考生也被要求使用2B铅笔来填涂答题卡。光标机的阅卷速度很快，上千份试卷只要五分钟就能批改完。如此神奇的背后，道理其实很简单，主要是利用了石墨的超强吸光特性。

怎么解释超强吸光性呢？以拍皮球为例，通常情况下，皮球触地都会

反弹回来，但如果掉进了沙坑里，则会被沙子覆盖，无法反弹了。而对于光线而言，石墨涂痕就好比"沙坑"，一旦光线照在上面，几乎会被吸收掉而很少发生反射。而在光标机的内部，有很多电眼，这些电眼可以发出红外光线。当红外光粒子照射到答题卡上的空白区域时，就会沿直线反射回来，但如果照射到有石墨涂痕的选项上，反射回来的光粒子就非常少了。所以，根据从每个选项上反射回来的光粒子的多少，光标机很快就能分辨出考生选择的是哪一项。之所以要用2B铅笔，是因为2B铅笔的笔芯中石墨含量很高，石墨越多，吸收光粒子的能力就越强，这样，被反射回去的光粒子少了，造成误判的概率也就低了。

科学小常识

石墨、钻石"哥俩好"

石墨和钻石的身价相差千百倍，但其实它们就像孪生兄弟，本质是一样的——都由碳原子构成，只不过碳原子的排列方式不同。那么，能不能通过改变石墨的碳原子排列方式，将它变成钻石呢？如今，科学家已经在实验室中"培育"钻石了，他们先将天然钻石做为"种子"，种在一个装满石墨的容器中，然后用液压机加压，使石墨中的碳原子受到挤压，吸附在钻石种子的表面。这样，钻石种子就会变成更大的钻石了。

字迹消失了

> 谁都有写错字的时候，只要"知错能改"就行了。不过，要改错，可得选择恰当的工具，铅笔字，用橡皮擦；钢笔字，有魔笔；粉笔字就更容易了，粉笔擦一挥就消失了。

"工欲善其事，必先利其器。"橡皮擦、魔笔和粉笔擦，真可谓是"一物降一物"。仔细观察这三样东西：橡皮擦很柔软，魔笔有股刺鼻的味道，粉笔擦下面包着一层绒布或是毛料。在这些各不相同的特征里，隐藏着它们消除字迹的秘密。

摩擦带走铅笔屑

你或许想不到，在橡皮擦发明之前，人们一直使用面包来擦除铅笔字。没错，就是摆在餐桌上的、可以吃的面包，你可以想象得出使用起来有多么不方便。后来，一位英国工程师无意间拾起一小块橡胶当作面包，大约是因为两者都很柔软吧，总之结果令人惊喜不已：橡胶居然把字迹去除得干干净净。到了18世纪，整个欧洲都用切成小立方体的橡胶来去除铅笔字，这种橡胶被称为"橡皮擦"。

曾经有人猜测，橡皮擦之所以能去除铅笔字，是因为其中含有的某种化学成分能与铅笔字中的石墨成分发生反应，从而相互"抵消"。这种想法是错误的。实际上，橡皮擦去除铅笔字的过程不是一个化学过程，而是一个物理过程。从橡皮擦的名字上我们就知道，它要发挥作用必须借助"擦"这个动作，即一种机械运动。道理还是从铅笔字开始讲。铅笔字是石墨粉末（也混合有一部分其他成分粉末）进入纸的缝隙中留下的痕迹。这种"进入"也是一种物理上的填充，而不是化学上的渗透。当使用橡皮擦的时候，摩擦使得橡皮擦产生了静电，而静电对石墨粉末形成了吸引力，可以把石墨粉末吸附到橡皮擦的表面。同时，我们还会发现有黑色碎屑，在力的作用下被"搓"成一条一条的。这些碎屑是从橡皮擦上掉下来的。本来，橡皮擦是什么颜色，碎屑也应该是什么颜色的，但是由于它们紧紧地"裹"进了石墨粉末，所以变成了黑色。也正是由于石墨粉末都被"裹"走了，铅笔字才会消失。

至于橡皮擦为什么会掉碎屑，这里面倒是有些化学知识。橡皮擦是用橡胶做的，人们在制作橡皮擦的时候，往橡胶中加入了一些填充油，而橡胶分子容易被填充油溶解，所以分子之间的距离会变大，整体结构也会变得相对松散。橡皮擦比一般的橡胶柔软，其原因就在这里，而越柔软，摩擦时就越容易掉碎屑。

解密魔笔之"魔"

虽然橡皮擦去除铅笔字很在行，但如果遇到钢笔字，它就无能为力了。这是因为钢笔字的墨水渗透纸张的纤维里。

那么，有没有擦除钢笔字的好工具呢？有，魔笔！只要用魔笔在钢笔字上轻轻一涂，字迹就会消失，像变魔术一样。其实，魔笔之"魔"是氧化漂白作用的结果。这要从墨水的化学成分说起。以最常见的蓝黑墨水为例，当我

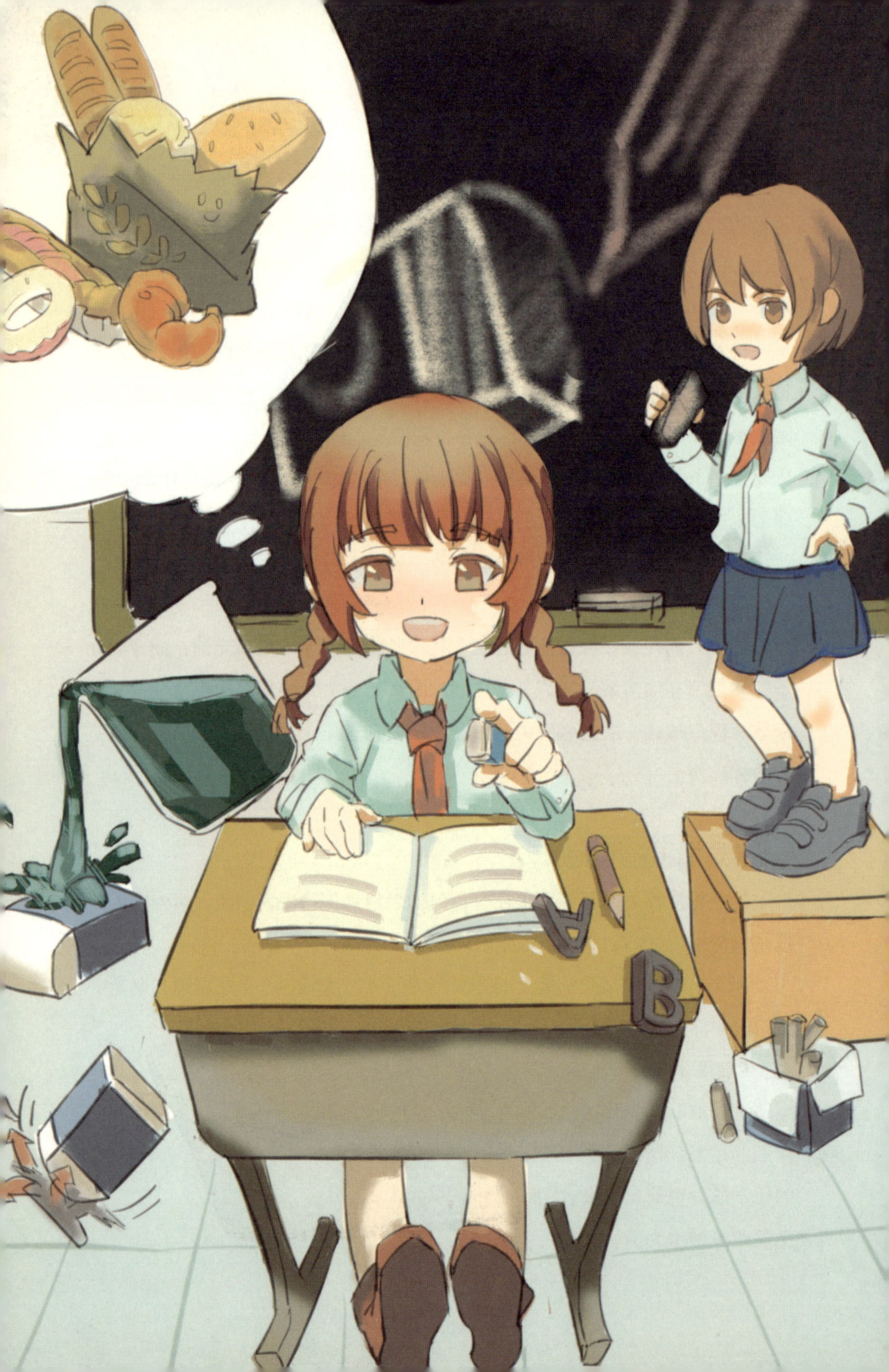

们使用时就会发现，刚写的字是蓝色的，过一段时间却变成了黑色。这是因为蓝黑墨水的主要成分是鞣酸亚铁，有趣的是，鞣酸亚铁既不是蓝色的，也不是黑色的，而是浅绿色的。由于浅绿色写起字来很不明显，所以人们又加入了一种蓝色的有机染料。而魔笔的主要成分是次氯酸水溶液，具有漂白作用（漂白粉的成分是次氯酸钙），能够氧化夺取染料分子中的电子，由此改变染料分子的结构，结构一旦遭到破坏，染料的蓝颜色也就消失了。需要指出的是，次氯酸具有刺鼻的气味，能够对鼻黏膜造成损坏，所以不宜经常使用。

不扬尘的粉笔擦

相比于铅笔字、钢笔字，粉笔字显然是最好去除的，直接用手一抹就没有了。当然，要想擦除一黑板的粉笔字，最好还是用粉笔擦。但是传统粉笔擦有两个问题：第一，擦不干净。黑板并不像我们看到的那样光滑，写字时，粉笔屑会"陷"进黑板表面的"凹坑"中，而粉笔擦的作用就是通过摩擦，使绒布或毛料产生静电，从而将粉笔屑从"凹坑"中带离，原理与橡皮擦如出一辙。但是，在粉笔擦产生静电的同时，黑板也会带静电，"留"住一些粉笔屑。粉笔屑黏在粉笔擦上或者在黑板上被压实，反而起到类似"滑石粉"的反作用，减小粉笔擦和黑板之间的摩擦力。第二，粉笔屑飞扬。由于绒布或毛料的吸附性较差，致使所擦之处粉笔灰飞扬。这样的情景，站在讲台上的老师和坐在教室前排的学生都深有体会。

粉笔是由硫酸钙的水合物（俗称"生石膏"）制成的，属于弱碱性物质，长期吸入粉笔屑，对健康的影响很大。因此，把传统粉笔擦改造成无尘粉笔擦势在必行。目前所生产的无尘粉笔擦，有的采用了电磁吸合原理，在擦除粉笔字的同时，把粉笔屑"吸入"进内部的空腔中，就像吸尘器一样。同时，在内置静电场产生装置的作用下，被吸入的粉笔屑会朝着一个方向做定向移动，以便聚集到一处后，再回收利用。

千奇百怪的黏胶

当你把信塞进信封之后，接下来会做什么呢？当然是把封口封上了。这时，摆在你面前的有：一瓶糨糊、一管胶水、一支固体胶棒，该选择哪个才好呢？

其实对于封信封而言，无论选择糨糊、胶水、固体胶棒都可以，因为它们都是黏胶的一种。在工业生产中，黏胶的学名又叫"黏合剂"。黏合剂在我们的日常生活中应用十分广泛，种类也众多，有液体的、固体的；粘一般物品的、粘木头金属等特殊物品的……那么，你知道黏合剂究竟是如何起作用的吗？

分子的"亲密接触"

两个物体之所以会粘在一起，靠的是分子吸引力。实验证明，当分子与分子之间的距离缩小到一定程度时，它们便会彼此吸引。根据这一点可以推知，如果两个物体靠得足够近，它们的分子距离足够小，黏合也就会实现了。

再来观察一下物体的表面，比如信封，肉眼看上去很光滑，在显微镜下却是另一番景象了：坑坑洼洼、凸凹不平得像峰谷一样，相当粗糙。实际上，即使是磨光的镜面，其粗糙度也达到了 25 纳米（假设一根头发的直径是 0.05 毫米，把它径向平均剖成 5 万根，每根的厚度大约是 1 纳米），与分子之间

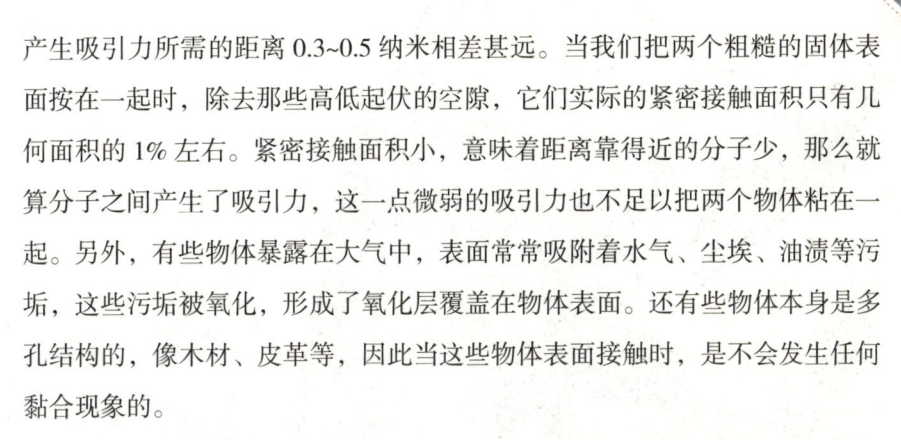

产生吸引力所需的距离 0.3~0.5 纳米相差甚远。当我们把两个粗糙的固体表面按在一起时，除去那些高低起伏的空隙，它们实际的紧密接触面积只有几何面积的 1% 左右。紧密接触面积小，意味着距离靠得近的分子少，那么就算分子之间产生了吸引力，这一点微弱的吸引力也不足以把两个物体粘在一起。另外，有些物体暴露在大气中，表面常常吸附着水气、尘埃、油渍等污垢，这些污垢被氧化，形成了氧化层覆盖在物体表面。还有些物体本身是多孔结构的，像木材、皮革等，因此当这些物体表面接触时，是不会发生任何黏合现象的。

但是，如果在两个粗糙的固体表面涂上一种物质，且这种物质具有良好的流动性，能充满接触表面的任何空隙；或者具有良好的溶解力，能溶解接触表面的氧化层；或者具有良好的渗透力，能填充于接触表面的多孔结构中，那么就能使分子之间的距离大大缩小。一旦经过某种化学变化，这种物质被固化成为坚实的固体后，分子排列也就固定下来了，短距离接触的分子间的吸引力也就产生了。这种物质就是黏合剂。一句话，黏合剂是填充在两个物体表面，促成分子之间的"亲密接触"，再通过固化过程来实现黏合的。

糨糊、胶水和固体胶棒的原理如出一辙。以胶水为例，其水性环境下的高分子体（主要为醋酸乙烯分子，是石油衍生物的一种）以水为媒介，浸入物体表面，当胶水中的水分完全消失后，这些高分子体就依靠彼此间的吸引力，把物体紧紧地粘在了一起。弄清了上述原理之后，我们还能解释另外一种常见的现象：为什么胶水涂得越多，反而越不容易粘牢。这是因为胶水再多，所起的作用也只是使"填充"更充分，并不能增强黏合力，相反，大量的高分

靠分子之间的吸引力粘在一起

子体拥挤在一块，造成水分不易挥发，黏合力也就越差了。

打破万能胶神话

用一小滴胶水，把钢管粘在一段木头上，然后把一个人悬挂在钢管上。这一幕出现在 20 世纪 50 年代美国的一档现场电视节目秀中，引得观众们一片惊叫。那个被悬挂起来的家伙是谁？他就是"万能胶之父"——哈里·韦斯利·库弗！二战期间，库弗和他的研究团队想研发一种物料，用来清洁枪械瞄准器，但是"有心栽花花不发"，这种化合物老是粘住一切对象。于是库弗灵机一动，推出了最早的万能胶——"伊斯曼 910"。"伊斯曼 910"早期的广告宣传语是："记住，在它完全在管子上凝固前，你只能用一次！"随即，这种"疯狂万能胶"风靡全球。

我们今天常用的万能胶是氯丁橡胶黏合剂，俗称"502"，它的主要成分与几十年前一样——α-氰基丙烯酸乙酯，是一种无色透明、不可燃的物质。从库弗的表演和"伊斯曼 910"的广告宣传语中，我们可以总结出万能胶的两个突出特点：黏力强和瞬间变干。万能胶之所以黏力比一般黏合剂强、干得比一般黏合剂快，是因为其聚合物分子链的结构更规整，加之链上极性氯原子的存在，结晶性也大大提高，在 $-35℃~32℃$ 之间皆能结晶。

接下来再说说万能胶的名字吧。万能胶真的万能吗？当然不是。要得到这个答案其实并不难，看看装万能胶的塑料瓶就知道了，至少它没有把瓶口粘住，否则就无法使用了。这又是为什么呢？一方面，万能胶对聚乙烯、聚丙烯、聚四氟乙烯（通用塑料的主要成分）等材料的黏力不佳；另一方面，要产生黏力必须固化，而万能胶的固化须借助一种催化剂——水。一旦瓶子打开后，万能胶与空气中微量的水汽接触，才能发生化学反应。

50X：把骨头粘起来

摔碎的花瓶可以粘起来，那么摔断的骨头呢？医生在做缝合手术时，竟然吩咐护士：拿黏胶来！尽管这些听上去有些耸人听闻，却绝不是什么天方夜谭。实际上，在美国等一些国家，将黏胶用于医疗领域的实验开展已久，目前不少国家已经生产出了广泛应用于临床的各种黏合剂，它们的专业名字不同，但基本上都属于"50X 家族"。50X 家族的成员，按分子结构中不同的酯化基团命名，比如前面讲到的 α－氰基丙烯酸乙酯502，"2"即来源于"乙"。依此类推还有 504（－丁酯）、508（－辛酯）等。

相比于人体自身合成或代谢的组织黏合剂，如纤维蛋白，50X 遇水或血液会很快聚合凝固，真正以"黏胶般"的作用机制达到显著而迅速的黏合效果，因此受到各科医生的青睐。急诊室医生、皮肤科医生以及整形科医生可以利用 50X 代替传统针线；骨科医生可以利用 50X 黏合碎骨；心外科医生在缝合血管时也可利用 50X 辅助封闭伤口。不过，成也"太快"，败也"太快"，由于瞬间凝固的特性，50X 在临床使用中受到了一些限制，为此医生们不得不用碘油对其进行稀释。如果太浓，未注射到靶点就会聚合凝固，无法发挥作用；如果太稀，又可能流入血管造成栓塞……究竟稀释到何种程度才算完美，这是一个让医生们略感头疼的问题。

科学小常识

万能胶的使用

万能胶的适宜黏结温度为25℃±5℃，湿度为55%-75%。一般来说，在冬季温度低于5℃时，万能胶就有可能出现凝胶现象，影响使用。这时可用30℃-50℃的热水将胶水瓶浸泡十几分钟，待恢复原状后，胶水性能不变，仍可继续使用。此外，万能胶含有挥发性溶剂，使用时应尽量保持空气畅通，而且不要接近明火或高温。

洁白纸张的危机

在以往人们的印象中,洁白的纸张意味着干净、健康,但是现在情况不同了。学生不再用洁白的作业本;主妇不再买洁白的纸杯纸盒;出外吃饭,很多人也不再使用免费提供的洁白餐巾纸了。

造成这些现象的原因只有一个——荧光增白剂。荧光增白剂又称"白色染料",是一种化学品添加剂,它本身几乎无色,却能使被染物质看起来亮白鲜艳,所以被广泛使用于各生产领域。目前,荧光增白剂的第一大用户是洗涤剂,第二大用户是纸张,第三大用户则是纺织品。

为什么会发黄

在讲述纸张增白之前,不妨让我们先来了解一下它为什么会发黄。这就要从纸张的制作说起了。大家都知道,目前造纸的原料主要是木材、麦草、芦苇等,它们的共同之处在于都含有一种物质——植物纤维。植物纤维由纤维素、半纤维素、木质素构成,其中纤维素和半纤维素都是构成纸张的主要物质。而木质素则是需要剔除的"破坏分子",因为木质素是一种褐色物质,纸张中含量越高颜色就越深。然而,木质素类似于"胶水",能将纤维素粘在一起。在树木中木质素含量高达30%,使得纤维素的分离非常困难。后来

蔡伦在改进造纸术时，发现木质素在碱液中会发生一定程度的碱性水解，这也是当时造纸工艺首先需要采用碱液沤浸或蒸煮的方法让木质素脱胶的原因。

报纸是一种发行量大、流通快的纸张，因而生产成本当然越低越好。为了降低成本，工厂中制造报纸时，木材会连同其中的木质素以及其他成分被一起磨碎，这种粗加工制造出了我们看到的颜色较深的报纸。而木质素有一个特性：其分子容易被氧化，从而呈现出更深的颜色。另外，在光照、高温条件下，木质素的氧化更为迅速。因而报纸买回来后存放一段时间会变色发黄。

今天的造纸工艺中，为了使纸张不发黄，在造纸过程中常常用到一种化学制浆法。按照这种方法，需要在纸浆中加入亚硫酸盐溶液（显碱性，能漂白）。亚硫酸盐能与木质素发生化学反应，将木质素转化成可溶于水的物质，从而使其从植物纤维中分离出来，得到纯净的纸浆。由于这种方法本身并没有破坏植物纤维素，所以纸浆中的植物纤维比较长，造出的纸张强韧有力，也不容易变黄。像包装纸、画报纸和胶版纸等，就是用化学制浆法制造出来的。

蓝黄互补能增白

那么，再来说增白。假如想让自己的皮肤看上去更白，你会想到什么方法呢？不外乎两种：第一种是长期使用具有美白效果的化妆品，使皮肤本身变白；第二种则是"治标不治本"，比如涂抹白色乳霜等，作用相当于遮盖。对于纸张来说，第一种方法相当于漂白，漂白是化学成分渗透纸张纤维发生化学反应，从而改变纸张的颜色；而第二种方法就好比使用荧光增白剂，荧光增白剂并不与纸张起化学反应，而是依靠光学中的"互补色原理"来达到增白的目的。

我们知道，太阳光有红、橙、黄、绿、青、蓝、紫七色，它们都属于可见光，除此之外还有不可见光，比如紫外光、红外光等。当太阳光照射到纸张上时，荧光增白剂不仅能将可见光反射回来，还能吸收紫外光，并把不可见的紫外光转化成可见的蓝色或蓝紫色光发射回来。这么一来，发射的可见光增多了，即反射光的强度超过了纸张原本可见光的强度，所以人的眼睛看上去，就会感觉纸张变白了。另外，研究发现，蓝色和黄色互为补色。所谓"补色"，简单来说就是把两种颜色混合在一起，如果最后看到的是无彩色系颜色（包括各种黑色、灰色和白色），那么这两种颜色即为互补。蓝色和黄色互补产生白色，我们之所以会觉得纸张发黄，是因为从纸张反射回来的白光中，蓝色波段光线的强度相对缺损。而荧光增白剂恰恰弥补了这一缺损，所以纸张看上去就白得纯正了。

致癌的隐患

近些年来，有关荧光增白剂的负面消息频频见诸报端，有媒体称：荧光增白剂一旦被人体吸收，其中所含的化学成分极易被分解，长期接触可能使细胞产生变异，导致癌症。对于纸杯、纸盒、餐巾一类的食品用纸，国家有规定"100平方厘米纸样中，最大荧光面积不得大于5平方厘米"，但是抽样调查显示，目前市场上的绝大多数这类商品均不符合规定，超量使用荧光增白剂。对此，专家表示，虽然现在没有数据表明荧光增白剂被吸收多少可导致癌症，但是它确实给人们的健康带来了极大隐患。

四季换衣有学问

在远古时代，我们的祖先只有兽皮、树叶来蔽体；而今天，我们的选择可就多了：棉的、麻的、化纤的……这些不同质地的服装材料有什么区别呢？

挑选服装有很多学问，不仅要看颜色、款式，还要懂得区分面料。不同的面料能够满足人们不同的着装需求，比如夏天要吸汗透气，可以选择棉布和亚麻布；冬天要保暖，可以选择棉服。除此之外，人们还生产制造出了各种化学纤维，像涤纶、腈纶等。相比于天然材料，这些化学纤维往往更结实耐穿，但也都有各自的缺点。

从棉麻到布料

我们知道，棉花、亚麻都来自植物。棉花是锦葵科棉属植物的种子纤维，它原产于印度和阿拉伯，大约在宋末元初才传入我国内地。在这之前，我国只有可供充填枕褥的木棉，没有可以织布的棉花。所以宋之前，也只有带丝旁的"绵"字，没有带木旁的"棉"字。而亚麻，是一种古老的韧皮纤维植物，起源于地中海沿岸。早在5000多年前，古代埃及人就已经开始栽培亚麻并用其纤维制作衣服了，埃及各地的木乃伊也大多是用亚麻布包裹的。

不过，棉花摘下来是一团团的，亚麻茎则是一束束的，它们是怎样被做成布料的呢？拿棉花来说，经历了一个"纤维—纱—线—布"的过程。摘下来的棉花，其实就是一团棉纤维，经过梳理后，由轧棉机将其集结成松软绳状，并在牵伸作用下逐渐拉长、伸直、变细，这就成了棉纱；棉纱先卷绕在筒管上，再通过类似过纱车（一种古老的纺纱机）的操作，被过到小小的芦管上，即棉线；棉线一根根地经纬交织，最后就成了棉布。棉布的质量在很大程度上与棉纤维的长短有关。不同棉花的纤维长短是不同的，纤维越长，意味着可拉伸的长度也越大，棉布的品质也就越高。为什么木棉不能织布，原因就在于其纤维太短。

亚麻的纺织过程与棉花差不多，只是在之前多了一个步骤——"脱胶"。这是因为亚麻纤维是一种多细胞纤维，其细胞在基于韧皮与木质部之间的果胶层以束状方式生长，彼此之间依靠果胶层相联。所以，要得到分离的纤维束，就必须去除果胶。去除果胶的方法多种多样，比如把亚麻茎散铺在地面上，通过露水、雨水、阳光以及细菌作用，使表皮腐蚀、果胶溶解。除此之外，还可以使用酶处理等其他化学方法。

化纤：蚕和蜘蛛的启示

棉纤维和亚麻纤维都是天然植物纤维，不仅资源产量有限，而且在使用中还不可避免地存在易变形、起皱等性能缺陷。有没有什么办法可以弥补这些缺陷，或者干脆人工制造纤维呢？在这样的愿景下，化学纤维诞生了。化学纤维分为"人造纤维"和"合成纤维"两种，前者是在天然高分子化

合物（比如棉麻植物纤维、竹子、木材、甘蔗渣等）的基础上制成的，性能可以通过生产工艺中的某些环节加以控制；而后者则完全是以人工合成的高分子化合物为原料。从名字上也很容易将这两者区分开来：人造纤维的短纤维一律叫"纤"，比如黏纤、富纤；合成纤维的短纤维一律叫"纶"，比如涤纶、腈纶；如果是长纤维，就在原有的名称末尾再加"丝"或"长丝"，比如黏纤丝、涤纶丝、腈纶长丝。

无论是人造纤维还是合成纤维，都是人们在蚕和蜘蛛的启示下生产制作出来的。从科学领域的划分上来说，这些都属于仿生学。科学家研究发现：蚕和蜘蛛的体内都能产生一种黏稠的液体，这种液体通过各自的腺体喷出，一遇空气即凝结成了丝。为什么黏液会凝结成丝呢？你可能说与黏液的成分有关，这当然不错，但也不完全如此。试想，如果只是与成分有关，那么为什么滴出来的黏液成不了丝，非要喷出来呢？实际上，蚕丝也好，蛛丝也好，都是通过力的作用由黏液拉成的，这个现象叫作"牵引凝固"。黏液的分子呈圆球状，当你慢慢拉伸时，圆球分子之间只有滑动，没有其他变化，所以黏液还是流动的；但是当你快速拉伸时，各个圆球分子还来不及流动就被分开了，分开的分子之间有了新的排列，于是才产生了变异。在现代化纤生产中，人们正是利用了"牵引凝固"的原理，先把天然或合成的高分子化合物制成溶液，相当于蚕和蜘蛛的黏液；然后对溶液施以很大的压力，使之从一个小孔中喷出来，迅速凝固成纤维。

肥皂为何能去污

衣服脏了，就要洗干净。上海方言称洗衣服为"打衣服"，就是将衣服浸湿，然后用木棒敲打，把污垢都敲打进水里去，再用清水漂一漂，任务就完成了。

可想而知，"打衣服"这种纯物理的方法既容易损伤衣服，还不一定洗得干净，尤其是油污。后来，人们发现有些东西可以帮助洗衣服，比如草木灰。早在二三百年前，欧洲人就已经懂得把草木灰浸在水里，用滤出的液体来洗手、洗衣服了。这是因为草木灰中含有碳酸钾，是一种弱碱。直到现在，碱仍然是我们日常洗涤用品——肥皂的主要成分。

污垢大揭秘

肥皂是怎样去污的呢？在弄清楚这个问题之前，我们有必要先了解一下污垢。衣服上的污垢大致可分为三类：第一类是不溶于水的固体，比如灰尘等，对于这类污垢，采用敲敲打打的老方法就可以达到清洁的目的了；第二类是水溶性污渍，像盐渍、糖渍等，由于它们是溶于水的，经

过水的浸泡后，清除起来也是比较容易的；第三类是油性物质，比如动植物油脂等，仅靠敲打是没什么效果的，且不溶于水，因此最难"对付"。据分析，人的外衣污垢来源复杂，而内衣多为汗水和皮脂。汗水除了含有98.4%的水分外，还含有氯化钠、脂肪、尿素和乳酸盐等；而皮脂也含有游离脂肪酸、蜡、甘油脂等成分。这些污垢主要依靠机械力、分子间力、化学吸附力三种结合力黏附于衣服之上。机械力，即细微的固体污垢被"卡"在衣服纤维细小的孔洞中所产生的力；分子间力，指的是污垢分子相互之间的静电力；化学吸附力则是在化学反应过程中产生的。

俗话说"知己知彼，百战百胜"，在了解了污垢的相关知识后，我们可以得出结论：具有良好去污效果的洗涤用品应该具备以下特征：首先具有强润湿能力，这样才能到达固体污垢的"藏身之所"——衣服纤维细小的孔洞中；其次要能够克服污垢分子之间的静电力，从而将污垢移至水中；最后还必须有特殊化学成分，可以分解污垢，防止污垢重新吸附。

两栖分子的威力

300多年前，一位参加宴会的厨师，不小心把一碗滚烫的猪油打翻在一

液体的表面张力使肥皂分子进入衣物

个盛有草木灰的木桶中，猪油和草木灰混在一起，成了一团黏糊糊的东西。宴会结束后，厨师洗手时惊奇地发现：桶里那团黏糊糊的东西竟然能把手洗得特别干净，效果比草木灰还要好。这一发现传开后，有人特意把油脂和碱放在一个大锅里熬煮，终于制成了第一块肥皂。

19世纪时，化学家解开了肥皂去污之谜。肥皂去污的详细机理很复杂，但最主要的原理在于分子结构。肥皂的主要成分是硬脂酸钠，其分子形似蝌蚪，它的大"头"是极性的羧基，易溶于水，而不溶于油，称为"亲水憎油基"；而它的长"尾"是非极性的羟基，易溶于油，而不溶于水，称为"亲油憎水基"。所以，肥皂是既溶于水又溶于油的。当衣服上的污垢，尤其是油污，被涂上肥皂并经过机械摩擦之后，会生成大量泡沫，泡沫表面就像一层薄膜，既扩增了肥皂液的表面积，又使肥皂液更具有收缩力。通常，这种液面的收缩力叫作"表面张力"。在表面张力的作用下，肥皂分子浸润到衣服纤维的孔洞中，其亲油基拼命进入油污颗粒内，与油污结合；而亲水基则死死"赖"在水中，将油污包围。最后，油污在亲油基和亲水基的共同作用下被"拖下水"。下水之后，由于肥皂分子的两栖结构还具有乳化作用，能变成类似牛奶、豆浆的水包油型乳状液，使油污分散在水中而不再黏附到衣服上。这就是肥皂去污的秘密了。

硬水"克星"

有时候，用肥皂洗衣服会遇到这样的情况：水里出现一团团像豆腐渣一样的絮状沉淀物。这究竟是怎么回事呢？原来是肥皂碰上了它的"克星"——硬水。我们知道，硬水中含有大量的钙离子、镁离子，能与肥皂发生化学反应，生成不溶性的硬脂酸钙和硬脂酸镁。所以，在硬水中洗衣服，不仅浪费肥皂，还影响洗涤效果。在这种情况下，我们可以改用洗衣粉。洗衣粉含有三聚磷酸钠，虽然也会与硬水中的钙离子、镁离子结合，但生成物溶于水，因而不影响去污效果。这时，洗衣粉的适用性比肥皂强，去污能力也比肥皂好。

美发师的"魔法药水"

电影明星们对美的追求一直深入发丝。你看他们：一会儿红头发，一会儿绿头发；今天还是直发飘飘，明天就变成了卷发披肩。他们是如何做到的呢？

如今，染发、烫发早已不再是电影明星们的专利。无论红橙黄绿、长短曲直，只要你说得出，美发师都能帮你实现，难怪爱美人士一批接一批地光临。走进美发店，总能看到发架上摆满了大大小小、各式各样的瓶子、罐子，这里面装的就是美发师的"魔法药水"。当然了，"魔法药水"的魔力并不是来自神赐，而是来自化学。

染发剂：金属离子改变颜色

人的头发本来就是有颜色的，欧洲人通常是金发、棕发，亚洲人则是黑发，除此之外，也有少数人的头发是红色的，比如爱尔兰人。据说，爱尔兰人中，红头发的特别多，以至我们在小说中常常看到"红发爱尔兰人"的说法。拿我们亚洲人来说，年轻时头发是黑色的，年老时则变成了白色，所谓"青丝华发"，指的就是这种变化。不过，我们知道，这些颜色都是天生的，由遗传因素所决定，如何还可以随心所欲地改变呢？

头发的最表层是毛鳞片，里面是皮层细胞，皮层细胞中含有黑色的色素

颗粒。富含油脂与蛋白质的角蛋白将皮层细胞互相黏合在一起，每一个细胞都顺着发茎形成角蛋白纤维素，而纤维素中的斑点就是黑色素颗粒了。正是黑色素颗粒的多寡使头发呈现不同的颜色，金发含黑色素较少，黑发含黑色素最多。除此之外，科学家通过研究证明，头发的颜色还与头发里所含的金属元素有关：黑发中含有等量的铜、铁，当镍的含量增多时，则会变成灰白色；金黄色头发含有钛；红褐色头发含有钼；红棕色头发除含有铜、铁之外，还含有钴；而绿色头发是因为含有过多的铜。

通过上面的描述，你可能已经想到了：如果有办法"打开"毛鳞片，再把"染料"——各种金属离子放进去，与天然色素化合，是不是就能得到想要的颜色呢？没错，染发剂的基本原理就是这样的。那么，怎样"打开"毛鳞片呢？这就要利用毛鳞片的一个特性了——遇碱即张开。所以，美发师在染发之前，都会先使用一种具有刺鼻气味的药水，这就是氨水溶液。氨水溶液是一种碱性物质，在它的浸润下，毛鳞片"敞开大门"，只等着金属离子进入了。再来说染发剂，现代无机染发剂主要含有铅、铁、铜等成分，染发剂中的金属离子渗透头发中，可与角蛋白纤维素中本身所含的硫作用，生成黑色硫化铅等。染其他颜色的原理与染黑是一样的，只是金属离子不同而已。

烫发：切断二硫键

二次世界大战期间，美国国家标准局在进行天然纤维的研究中发现，羊

课堂上学不到的化学

毛天然的耐皱折性能是由于具有三维蛋白质结构。战后，人们发现头发与羊毛具有相似的结构，这意味着通过改变头发中蛋白质链联结的方式，可以使头发按照我们的意愿卷曲或拉直。烫发的方法即从此而来。

正常情况下，头发的角质蛋白是按顺序线性排列的，形成一根长长的链条；而每个角质蛋白分子又是由一连串氨基酸联结起来的，它们就像链条中的一个个链结。头发中较多的一种氨基酸叫作"半胱氨酸"，安插在不同地方的两个半胱氨酸以硫—硫桥键联结，形成一个胱氨酸。这些胱氨酸极似一节节的"小弹簧"，使头发具有一定的形状和弹性。而烫发的原理呢，就是想办法拆除胱氨酸的"小弹簧"，使一个胱氨酸变成两个半胱氨酸，这个过程在化学上叫作"还原"。当"小弹簧"被拆除后，氨基酸链条便会松动，如果这个时候将头发卷成波浪形，然后再使用固定剂，使断开"小弹簧"的半胱氨酸重新就近两两结合，形成新的"弹簧"，这样就能使卷发固定下来了。

要拆除"小弹簧"，也就是要切断硫桥键——头发链键组织中最结实的化学键。我们知道，最早的烫发是火烫，后来发明了电烫，这都是因为硫桥键在受热的情况下会变得松弛。这样的烫发方式叫作"热烫"。热烫有很明显的缺陷：烫发和染发一样，也需要先"打开"毛鳞片，而加热会使毛鳞片过分膨胀，从而导致头发干燥、失去光泽等问题。1934年，英国人杰·斯皮克曼在毛发实验中证明：硫代乙醇酸的碱性溶液可切

断硫桥键。利用这个原理，人们发明了"冷烫"，现在烫发采用的也大多是冷烫的方法。冷烫中，会用到第一剂——还原剂和第二剂——氧化剂。还原剂比如硫醇溶液，含有疏基乙酸或单胺乙醇，其作用在于切断硫桥键；氧化剂比如过氧化氢溶液（俗称"双氧水"），能够中和酸性冷烫液，使软化了的头发变硬而固定发型。当然，在使用还原剂和氧化剂之间，还需要把头发卷在卷发棒上做出造型，发生的是物理变化。

美丽的代价

　　美丽也需要付出代价。无论是染发还是烫发，所用到的很多化学药水对头发造成的伤害是可想而知的。当毛鳞片被"打开"，头发内部的结构处于无保护状态，很容易造成水分和营养成分的流失，或多或少地使角质蛋白变性，引起头发变黄、发脆、失去光泽与弹性，甚至脱落。这还不算什么，更为严重的是，各种碱性药水、金属离子、还原剂、氧化剂等都会破坏头发细胞膜的结构，对人体也具有刺激和腐蚀作用。另外值得一提的是，染头剂和烫发剂中，无论品牌优劣，都不可避免地含有毒芳香化学物质，长期使用可能会对身体造血系统产生不良影响，轻者会出现皮炎、瘙痒、皮肤红肿、溃烂等症状，甚至可能导致孕妇体内胎儿畸形。所以，为了健康，大家应该尽量不染烫头发或者减少染发、烫发的次数。有句话说得好：自然的，才是最美的。

果蔬色彩之谜

红彤彤的番茄、绿油油的菠菜、黄澄澄的菠萝、紫莹莹的茄子……水果和蔬菜的颜色为什么如此多变？这些颜色背后又隐藏着怎样的秘密呢？

我们一般将水果和蔬菜按照"肉"的颜色分为四大类：绿色、橙色（黄色）、红色（紫色）、白色。常见的绿色果蔬如青椒、菠菜、西兰花、猕猴桃等；常见的橙黄色果蔬如橘子、芒果、胡萝卜、南瓜等；红紫色的果蔬有番茄、西瓜、桑葚、甘蓝等；白色的果蔬有莲藕、洋葱、竹笋、梨等。

色素"颜料"

买一盒颜料，用红、橙、黄、绿、青、蓝、紫七种颜色，我们就可以调配出世上的万千色彩。水果和蔬菜也有自己的"颜料"，就是它们体内的植物色素。植物色素的种类很少，只有三种：叶绿素、类胡萝卜素和类黄素。尽管如此，我们看到的所有水果和蔬菜的颜色，全部来自这四种色素不同浓度、不同比例的混合。

叶绿素是我们最熟悉的一种色素，广泛存在于植物的叶子中。顾名思义，叶绿素的颜色是绿色的，所以像菠菜、芹菜、油麦菜一类的叶子菜都是绿色的。如果继续细分，叶绿素主要又可以分为叶绿素 A 和叶绿素 B，一般情况

下，两者以 3:1 的比例存在于果蔬中。从颜色上看，叶绿素 A 呈蓝绿色，而叶绿素 B 呈黄绿色。所以可想而知，如果某种果蔬的绿色更深一些，即说明其所含的叶绿素 A 的比例更高一些，比如豌豆；反之，则说明叶绿素 B 占优势，比如青豆。类胡萝卜素包括两种——胡萝卜素和叶黄素，前者呈橙黄色，后者呈黄色。这两种色素常常存在于花朵、果实和块根中，芒果的黄色果肉、西瓜的红色瓜瓤以及胡萝卜等，都是它们作用的结果。类黄素中最主要的是花青素和二氧化嘌基。花青素存在于果蔬组织的细胞液中，能根据细胞液 pH 值的变化而改变颜色：酸性时呈红色，碱性时呈蓝色，中性时呈紫色，所以是形成果蔬五彩斑斓的最重要色素；而在二氧化嘌基的作用下，果蔬则往往会呈现出白色或淡黄色。

需要指出的是，任何一种果蔬的颜色，都不是某种单一色素所致，而是混合作用的结果。比如叶黄素与叶绿素混合存在于果蔬的绿色部分，只有在叶绿素分解后，它才能呈现出本身的颜色；再比如很多果蔬红紫色的组织中，往往既有类胡萝卜素，也有花青素。另外，在果蔬的不同成长阶段，各种色素的含量也是会发生变化的。比如果实在幼嫩时，叶绿素含量大，所以通常是青绿色的；当果实成熟后，叶绿素逐渐减少，类胡萝卜素或者花青素的比例随之升高，所以开始才呈现红、黄、紫等颜色。

不只为了好看

为什么水果和蔬菜的颜色如此多变？仅仅是为了好看，取悦人们的眼睛吗？答案当然是否定的。就像动物的保护色对于其生存有着重大意义一样，水果和蔬菜的颜色也是出于生存的目的。叶绿素是植物进行光合作用的基础原料，重要性毋庸多说，不过，也许有人会问：叶绿素为什么是绿色的呢？其实，所有颜色的存在都是以光为前提的，如果没有光，那么世界上唯一的颜色就是黑色了，就如同到夜晚，周围全部漆黑一团。这里所说的"光"，指的是七色太阳光，物体会呈现什么颜色，取决于它吸收了太阳光中的哪些颜色。假如一个物体吸收了全部太阳光，使得七色之中一色也没有剩下，没有光线射入我们的眼中，那么我们看到这个物体就是黑色的。再拿叶绿素来举例，叶绿素吸收了太阳光中绝大部分的红黄光，只剩下绿光反射进我们的眼中，所以我们看到的叶绿素就是绿色的。进一步追问：叶绿素为什么要选择红黄光而弃绿光呢？道理其实很简单，这是因为在太阳光中，红黄光的能量更大，选择了红黄光，也就意味着获取的能量更大。

至于类胡萝卜素和类黄素，它们也是参与光合作用的重要角色。由于各自吸收、反射的太阳光不尽相同，类胡萝卜素和类黄素一方面可以弥补叶绿素的不足，另一方面可以在叶绿素丧失作用时取而代之。叶绿素有个弱点，就是特别害怕低温寒冷，每当秋风四起、气温下降的时候，植物叶子中的叶绿素就开始分解消失，数量越来越少，这时就轮到类胡萝卜素和类黄素从幕后走到台前，显示神通了。

舌尖上的色彩学

近些年来，科学研究发现，在各种果蔬明亮的色彩背后还蕴藏着令人惊奇的生物学价值。这些由植物化学物质所组成的色彩"外衣"，是不同果蔬含有不同营养素的标志。随着大众健康意识的提高，营养学家建议人们尽可能多吃五颜六色的果蔬，这样才能更好地预防疾病，保持身体健康。

绿色果蔬中主要含有维生素C、维生素B1、维生素B2及多种微量元素，多吃能够帮助人体免疫系统清理肺部积聚的有害细菌，还可以保护心脑血管、预防癌症；黄橙色果蔬通常含有丰富的α胡萝卜素和β胡萝卜素，到目前为止，还没有证据证明人体自身能够合成这两种色素，所以必须从食物中摄取，然后将其转化为维生素A，从而起到保护眼睛、骨骼和免疫系统健康的作用。尤其值得一提的是叶黄素，叶黄素具有抗氧化作用，能够减少空气污染对人体造成的伤害，消灭引起疾病的自由基，预防多种疾病；红、蓝、紫色果蔬一般都富含抗氧化剂，能够保持心脏健康和大脑功能正常运转，所以在护心健脑方面功效突出；而白色果蔬中含有的膳食纤维和类黄酮对人体十分有益，据科学研究发现，每天食用25克白色果蔬，可以使中风的风险降低9%。

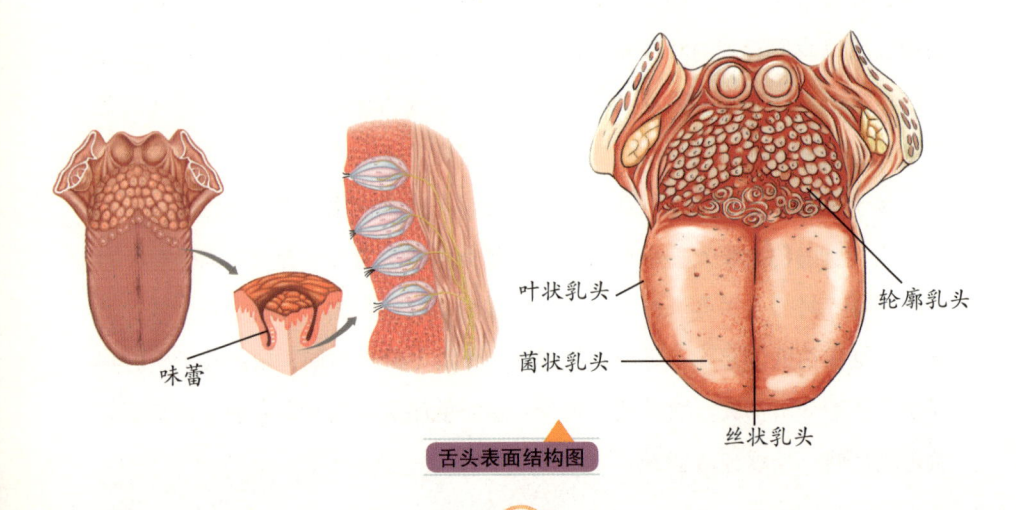

舌头表面结构图

从青香蕉到黑香蕉

> 香蕉原产于亚洲东南部的热带、亚热带地区，它与菠萝、龙眼、荔枝一起，并称"南国四大果品"。而目前世界上出产香蕉最多的，是中美洲。

香蕉广受全世界人们的喜爱。在欧洲，香蕉被叫作"快乐水果"，因为香蕉中含有的一种特殊氨基酸能刺激人体大脑神经系统，使人产生快乐、平和的情绪。尽管如此，"快乐水果"也有让人发愁的一面：从水果店里买来时，通常都是青色的一大串；在家放上几天，终于等到黄澄澄的了，可一时半会儿又吃不完；如果把香蕉放进冰箱冷藏起来，等到第二天，你准会后悔莫及：天啊，全都变成了黑色！

越呼吸，越甜软

很多水果都是可以放熟的。水果店里上架青香蕉，也无非是希望能多放几天，以便及时卖出。我们知道，青香蕉尚未成熟，又硬又涩不好吃，不过只要过个三两天，等表皮从青变黄，吃起来就香软可口了。在这两三天里，香蕉究竟发生了怎样的变化呢？

在香蕉的表皮细胞中，含有叶绿素和叶黄素两种天然的色素。当还没有成熟时，因为表皮叶绿素的含量比叶黄素要高，绿色掩盖住了黄色，所以香

蕉看上去是青的。摘下来的青香蕉，其细胞会分泌出一种"叶绿素酶"，这种酶能分解叶绿素，导致越来越多的叶绿素被迅速破坏，从而使叶黄素逐渐显现出来。这个过程就叫作"成熟"。在成熟的过程中，香蕉也像我们人一样，时时刻刻都需要呼吸。青香蕉中含有大量的淀粉，淀粉是由许多葡萄糖分子构成的，硬度比较大，因而造成了青香蕉比较硬。但是通过呼吸作用，细胞吸收氧气后，可以将淀粉分解成可溶性葡萄糖，所以黄香蕉又甜又软。

不和苹果做邻居

在水果店里，经验丰富的店员绝对不会把香蕉和苹果放在一起。因为对于香蕉而言，苹果具有天然催熟的作用。据检测，苹果可以释放出一种气体——乙烯，这是一种植物激素，能够促进果实的成熟。

我们知道，香蕉的成熟与自身的呼吸作用有关系，而呼吸作用又离不开氧气。乙烯能够提高细胞对氧气的渗透性，使更多的氧气进入细胞中。可以这样来说明，如果把细胞比喻成产生能量的火炉，那么乙烯就相当于一个鼓风机，它的作用在于向"火炉"中鼓进更多的氧气，从而使"火炉"中"煤"的燃烧速度加快。毫无疑问，这里所说的"煤"，指的就是香蕉中所含的淀粉了，等到淀粉"燃烧"得差不多了，香蕉也就成熟了。所以，把苹果放在香蕉旁边，会大大缩短香蕉成熟的时间。

冰箱里，一夜变黑

为什么放进冰箱的香蕉会一夜变黑呢？这是因为香蕉的表皮细胞中含有一种酶——多酚氧化酶。这种酶在正常情况下位于表皮细胞的内部，被细胞膜紧紧包裹着，不与外界接触。一旦香蕉表皮受损，比如碰伤、压伤等，或者细胞自然衰老，多酚氧化酶就会乘机"逃"出细胞膜，在空气中被氧化，生成一种叫作"多巴胺"的黑色物质。这种黑色物质与人体皮肤内的黑色素类似。

当我们把香蕉放到冰箱里时，低温会使香蕉表皮的细胞膜流动性下降，由液态转变为固态。这时，细胞膜就像一个玻璃容器般容易破裂。另外，低温还会使细胞内产生冰晶，从而增加细胞的体积。随着体积增大，细胞内部的压力也增大，细胞膜就更容易损坏。而正是由于细胞膜被损坏，香蕉才一夜之间迅速变黑。

需要指出的是，变黑的香蕉虽然看上去丑陋，但是扔掉可惜。研究表明，搁置10天左右、外皮发黑的香蕉中含有抗癌物质。食用这种香蕉，能刺激人体内的白血球，使白血球数量增多、活动加快，因而有助于排解活性氧化物等毒素，提高免疫力。外皮发黑的香蕉能刺激人体产生白血球的数量是黄香蕉的5倍、青香蕉的8倍。不过，皮黑肉稀的腐败香蕉是不能吃的。

科学小常识

运动员吃香蕉补充能量

在进行体育比赛之前，有的运动员会用香蕉来填肚子。这是因为运动员在比赛之前不宜吃得太饱，而香蕉是一种快速的能量来源，香蕉中的糖分可以迅速被人体吸收，以弥补运动员身体能量的流失。同时，香蕉还含有丰富的钾，能够强化肌力及肌耐力。平时多吃香蕉，也可以降低血压，预防高血压和心血管疾病。

百变豆制品

稻、黍、稷、麦、菽，在我国古代合称"五谷"，而"菽"指的就是大豆。在我国几千年的农耕史中，大豆一直扮演着重要角色，由大豆制成的各种食物更是人们餐桌上的常备食品。

大豆实在是一种神奇的食物，蒸煮焖炖皆宜，还可以磨成豆浆、制成豆腐。这么多的吃法，可不单纯是为了追求口感上的新鲜，更有营养学上的考虑。从蛋白质含量来说，大豆、豆浆和豆腐三者比较，大豆无疑是最丰富的，其次是豆腐、豆浆。但是从吸收的角度来说，顺序则刚好是相反的，豆浆的吸收率最高，豆腐次之，大豆是最低的。

液态更易吸收

为什么豆浆的吸收率最高？有人或许会说，因为它是液态的。可为什么液态食物比固态食物更易吸收呢？这要从人体的吸收机制说起。其实，人体就是一个按比例配成的化学有机体，要维持生命活动，就必须源源不断地从外部获取能量，然后通过一系列复杂的化学反应来实现能量的转移。外部的能量来源主要是食物，而将食物中的能量转移到我们的身体中，这个过程就叫作"吸收"。一般来讲，吸收都要经历以下步骤：第一步，食物进入口腔，被唾液溶解后下咽；第二步，进入胃，胃只吸收水，其余则被研磨成液态食糜，输送至小肠；第三步，液态食糜分子穿透小肠的毛细血管和毛细淋巴管，进入血液，最后通过血液循环将能量输送至全身。由此我们看到，液态食物几乎可以跳过第一步直接进入胃，食物中的大量水在胃里就被吸收了，而胃对水的吸收是相当快的，大约只要十分钟就能排空，所以如果喝了很多水，马上就要上厕所，但是吃了很多东西则不会。在第三步的小肠中，食物最终是以液态形式被人体吸收的，而食物是能量分子的载体，假如把能量分子比作乘客，把食物比作交通工具，那么要到达血液这个"目的地"，搭乘"液态车"显然比搭乘"固态车"所经过的"站点"少，费时自然也少了。

吸收速度快只是吸收率高的一个方面，另一方面则体现在吸收利用充分上。就大豆和豆浆而言，我们所说的吸收主要指的是蛋白质的吸收。人们从食物中获取的蛋白质，只有经过消化，分解成氨基酸之后，才能被吸收利用。在分解蛋白质的过程中，有一种由人体胰脏分泌的胰蛋白酶发挥着重要作用。然而研究发现，大豆中恰好含有胰蛋白酶抑制剂，能阻碍蛋白质分解，蛋白质无法分解，吃进再多也不过是浪费。从生物学上看，大豆之所以含有胰蛋白酶抑制剂，是自然进化的结果，这使得大豆的种子在传播时具有优势，即使被动物吃掉，也可以更好地防止消化，然后通过粪便排出，从而达到繁衍后代的目的。生豆浆中也含有胰蛋白酶抑制剂，但是生豆浆还会经过一个高温沸煮的过程，而胰蛋白酶抑制剂的特性就是惧热，在100摄氏度下加热9分钟，即能将它破坏85%左右。所

黄豆可以研磨成人体易吸收的美味豆浆

以，相比于大豆，豆浆的吸收率更高一些。

点石成豆腐

相传西汉时，淮南王刘安在八公山中用豆浆炼制丹药，偶然加入了石膏，无意间促成了豆腐的诞生。石膏是点豆腐的关键，它究竟是一种什么物质呢？石膏的主要化学成分是硫酸钙，像我们雕塑用的、砌墙用的，都是石膏。有人可能会担心：用石膏来点豆腐，会不会中毒呢？确实，工业上使用的石膏含有砷、铅等成分，毒性极大，但用来点豆腐的石膏与之不同，毒性要微弱许多，并且用量极少，所以点出来的豆腐对人体是无害的。

石膏点豆腐，一般是先把豆浆煮沸，不停搅拌，直到呈悬浮溶胶状，再点入石膏。这种状态下的豆浆与石膏一相遇，迅速发生反应，其效果是立竿见影的：豆浆中出现了一团团的白色大颗粒；大颗粒再聚集，成了白花花的豆腐脑。待挤出水分后，豆腐脑就凝固成了豆腐。从化学上分析，由豆浆变豆腐，本质是大豆蛋白质发生胶凝作用的结果。蛋白质是由氨基酸组成的高分子化合物，一般情况下，其表面覆盖有一层带相同电荷的水化膜，正是这层水化膜，使蛋白质分子相互隔离，不会因碰撞而黏结。但是有很多办法可以消除水化膜的作用，比如加入电解质。所谓"电解质"，即溶于水溶液就能够导电的化合物，而石膏就是一种强电解质，一旦溶于豆浆即被电解成带正电的阳离子和带负电的阴离子。这些阴阳离子中和了水化膜的电荷，蛋白质分子没有了阻隔，便凝结在一起，形成了大颗粒，

除了豆浆以外，黄豆还可以做成美味易消化的豆腐

这就是"胶凝作用"。

既然是胶凝作用在起效，那么能引起胶凝作用的就不止石膏一种，其他如卤水、醋酸、柠檬酸等都可以，原理是一样的。值得一提的是卤水，卤水主要含有氯化镁，很容易被电解成钙、镁等金属离子。民间历来有"南石膏，北卤水"的说法，石膏点出来的豆腐称为"南豆腐"，卤水点出来的豆腐称为"北豆腐"。南豆腐质地细腻，但豆香味不足；北豆腐风味绝佳，但保水性差，可谓"各有千秋"。

最后还有一点需要指出，那就是胶凝作用不仅针对大豆蛋白质，人体内的蛋白质在一定情况下也可能凝固，所以像卤水一类的东西是不能喝的，如果摄入过量，就有生命危险。

啊，变臭发霉也能吃

听说过臭豆腐、毛豆腐、腐乳、霉豆渣吗？它们属于豆制品大家族中比较特殊的一类，都是豆腐变臭发霉的产物。为什么豆腐变臭了、发霉了也能吃呢？如果将新鲜的豆腐放置在自然环境中，豆腐所含的丰富蛋白质会吸引很多微生物"找上门"，比如青霉菌、酵母菌、曲霉菌、毛霉菌等。在毛霉菌和和其他微生物的共同作用下，豆腐便开始出现了腐坏。不过其中起主要作用的是毛霉菌。毛霉菌是一种丝状真菌，分布非常广泛，常见于土壤、水果、蔬菜、谷物上，生长很迅速，且具有发达的白色菌丝。除此之外，它还有一个特性——能够产生蛋白酶，这种蛋白酶对于分解大豆蛋白质尤其见效。当蛋白酶慢慢渗入豆腐内部，就会将豆腐的蛋白质分子分解成更小的分子肽和氨基酸，同时产生一种叫作"硫化氢"的化合物。硫化氢具有刺鼻的臭味，臭豆腐之所以"闻着臭"，就是硫化氢在作怪；至于"吃着香"，则是氨基酸的功劳了，因为氨基酸具有鲜美的滋味。

当牛奶变成奶酪

也许你听说过干酪、芝士、起司之类的古怪名字，但其实它们都是指一种你所熟悉的东西——奶酪。在公元前2000年的古埃及壁画上，考古学家就看到了这种古老食品的制作图。

虽然现在已经没法确定最早的奶酪出现于何时，但一般认为可能早在公元前3000年。说起来，很多食品的出现都源于一次意外，奶酪很可能也是如此。据说，最初人们都用动物的胃来做袋子装牛奶，某天，某个人惊讶地发现，袋子里的牛奶竟然变成了一团半固体的东西。换成别人，也许认为是牛奶坏掉直接给扔了，这个人却怀着极大的好奇心，鼓起勇气尝了一口，没想到别有一番风味。就这样，奶酪开始慢慢走进了人们的生活。

为什么不凝固

袋子中的牛奶为什么会凝固呢？要回答这个问题，需要先从牛奶为什么不会凝固说起。众所周知，牛奶中接近90%的成分是水，剩下的部分主要包括蛋白质、脂肪、乳糖以及一些矿物质。其中，乳糖和大部分矿物质都溶于水中，形成一个稳定的溶液相；脂肪以小脂肪球的形式，靠着一层具有极性的磷脂膜，与水形成乳浊液；而蛋白质则分成了两部分：一部分溶于水中，

被称为"可溶性蛋白";另一部分以小颗粒的形式悬浮在水中形成胶体,我们把后者称为"酪蛋白"。

酪蛋白是哺乳动物乳汁中特有的一类蛋白质,占牛奶蛋白质总量的80%以上。物以类聚,人以群分,酪蛋白也有这种特性。它们总是聚集在一起,形成许多平均直径180纳米左右的酪蛋白球。有人或许会问:这些酪蛋白球为什么不继续聚集,形成一个更大的球呢?这样一来,牛奶不就凝固了吗?原因主要有两个:首先,酪蛋白的等电点(即一个分子或者表面不带电荷时的pH值)在4.6左右,而牛奶的pH值通常为6.6~6.8。所以正常情况下,酪蛋白球是带负电的,由于"同性相斥",这些酪蛋白球也就很难聚集成一团了。其次,在酪蛋白球的表面,有一种叫作"卡巴"的酪蛋白物质。卡巴有亲水和憎水的两端,亲水端像毛发一样伸到球外的水里;憎水端则喜欢埋在球内,这就使酪蛋白球看起来像一个个仙人球。水分子很容易附着在亲水端的"毛发"上,从而形成一个水化层,起到稳定酪蛋白球的作用。

对付酪蛋白的方法

奶酪是牛奶凝固的产物,要制造奶酪,就必须想办法对付酪蛋白——使酪蛋白凝固成一张网,从而网住牛奶中其他的成分。使酪蛋白凝固的方法有好几种,看了上文的描述,你肯定能猜到一种。没错,只要把牛奶的pH值降低到酪蛋白的等电点附近就行了。这时候,酪蛋白球就会因为斥力降低而聚集起来。这种降低牛奶pH值的方法,在食品生产

中称为"酸凝乳"。

除此之外，还有第二种方法。有一种蛋白水解酶，专门分解卡巴酪蛋白。这种酶就像一把剃刀，能一下子把满头"秀发"的酪蛋白球给剃成"秃子"。缺少了亲水端的"秀发"，酪蛋白颗粒的水活度会大大降低。于是，在憎水端的作用下，"秃子"们便聚集在一起，形成一张巨大的酪蛋白网。这种方法，在食品生产中称为"凝乳酶凝乳"。那么，这种神奇的蛋白水解酶又是从哪来的呢？实际上，它最早就是从小牛的皱胃里发现的。这下，你自然就明白为什么袋子中的牛奶会凝固了吧。

新鲜奶酪像酸奶

生产奶酪，简单来说，就是利用了"酸凝乳"和"凝乳酶凝乳"这两种方法。根据方法的不同，可以把制作出来的奶酪分为三大类：新鲜奶酪、软质奶酪和硬质奶酪。

新鲜奶酪从外包装上看，一般装在塑料小杯里，很像酸奶，但吃到嘴里的感觉要比酸奶更浓厚细腻、酸而不甜。生产新鲜奶酪主要依靠酸凝乳：利用嗜温或者嗜热乳酸菌，把牛奶中的乳糖发酵成乳酸，以此降低牛奶的pH值。当凝乳完成后，通过漏网或者筛子除掉一部分析出的乳清，半固体状的新鲜奶酪就做好了。新鲜奶酪含水分比较高，通常为65%~75%，最低也不会低于50%。因此，通常3~5千克牛奶只能生产1千克新鲜奶酪。

牛奶

身披"毛皮"的软质奶酪

有一种叫作"卡门培尔"的奶酪是软质奶酪的代表。这种奶酪发源于法国诺曼底一个名为"卡门培尔"的小镇,它的表面长满了白毛——其实是一种霉菌。如果食物上长了霉菌,通常意味着不能再吃了,然而软质奶酪是个例外。很多软质奶酪都长满霉菌,有的长在表面,有的长在内部。吃的时候,你可以和着淡淡的霉味连外皮一起吃掉,也可以切掉外皮,只吃里面的部分,全凭个人喜好。

生产软质奶酪,需要同时利用"酸凝乳"和"凝乳酶凝乳"。通常,先通过乳酸菌把牛奶的pH值降低,然后再加入凝乳酶。当牛奶凝固成一大块"软豆腐"时,把它切成小块装到特定大小的模具中,乳清顺着模具上的小孔流走了,留在模具里的小凝乳块则形成了奶酪的雏形。与新鲜奶酪相比,软质奶酪有一个重要区别,那就是从模具里拿出来之后不能直接吃,要经过几周的成熟过程。在成熟期间,奶酪外表面的霉菌就开始利用奶酪中的营养物质生长,同时慢慢改变奶酪的风味。当霉菌产生的白丝铺满了奶酪表面时,奶酪内部也基本上成熟了。

科学小常识

清新"小瑞士"

超市里最常见的新鲜奶酪是"小瑞士"(Petit Suisse)。别看它的名字叫"小瑞士",却并不是瑞士生产的,而是产自法国诺曼底地区。这种奶酪"长"着一副小清新的模样,吃起来也很爽口,不过,它的脂肪含量可不低,每100克中就含有20克脂肪(100克新鲜牛奶中的脂肪含量仅为4克)。

小皮蛋，大学问

> 鸡蛋是鸡生的，鸭蛋是鸭生的，鹅蛋是鹅生的，那么皮蛋呢？其实，作为我国传统美味食品之一的皮蛋主要是以鸭蛋为原料制成的。当然，用鸡蛋、鹅蛋也可以，原理都是一样的。

皮蛋是一种味道可口、营养丰富的食品，它还有一个颇为好听的名字——松花蛋。当你轻轻敲掉裹在松花蛋外面的那层泥，剥开蛋壳，就会露出一层青褐色、半透明的蛋白。再仔细瞧瞧，啊！蛋白中还嵌着一朵朵美丽的松叶状结晶花纹，松花蛋就是因此而得名的。

强碱凝固蛋白质

第一枚皮蛋是怎样做出来的呢？据说有一天，一个农户家的鸭子偶然在石灰池边下了几个蛋，蛋滚落进石灰池中。两个月后，农户在石灰池中意外地发现了被石灰包裹的鸭蛋，剥去蛋壳，只见里面的蛋白、蛋黄都已变色凝结，不过吃起来口感嫩滑，只是稍有些涩口。农户想：石灰池中没有盐，要是在石灰中加点盐，味道会不会更好呢？这样经过多次摸索，制作皮蛋的方法就诞生了。

制作皮蛋，关键在于配制包裹在鲜蛋外面的料灰。在500多年前的明朝，

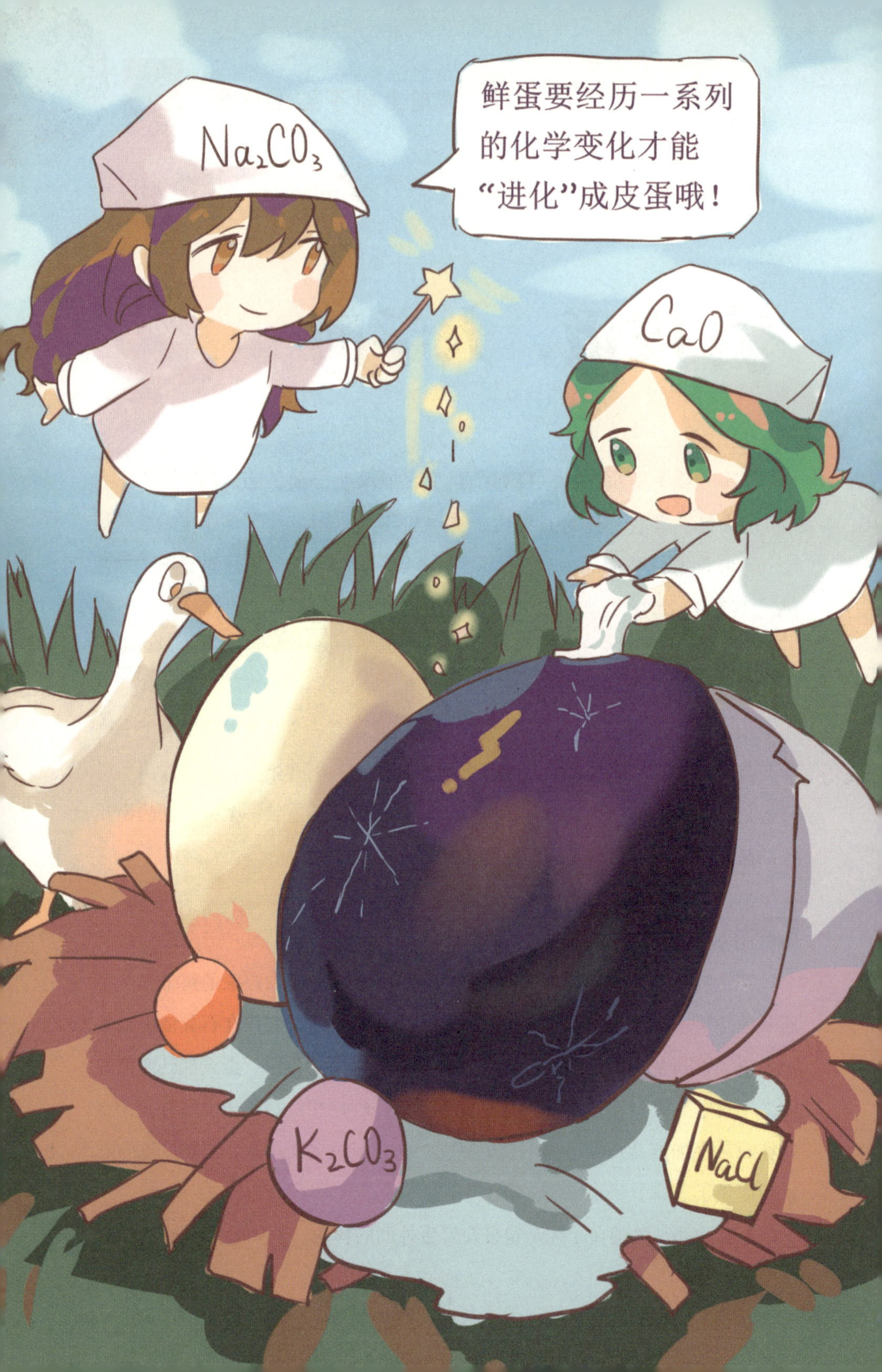
鲜蛋要经历一系列
的化学变化才能
“进化”成皮蛋哦！
Na_2CO_3
CaO
K_2CO_3
NaCl

配制料灰的主要原料有纯碱（主要成分碳酸钠）、生石灰（主要成分氧化钙）、草木灰（主要成分碳酸钾）和食盐（主要成分氯化钠）。关于分量和配制过程也有详细的记载：如果按100只鲜蛋来计算，大约需要纯碱115克、生石灰400克、草木灰1350克、食盐150克；先将纯碱和食盐溶入2100克开水中，待充分溶解后，再分批加入生石灰和草木灰；最后，往溶液中适当加入一些稻壳或麦糠，并均匀地涂在鲜蛋上，经过两个月左右的时间，皮蛋就做好了。

这个过程虽然不复杂，却包含了一系列的化学反应。我们知道，加食盐是为了入味，加稻壳或麦糠是为了使溶液黏稠，便于涂抹。除去这两种原料不说，在最重要的溶液中，究竟起了哪些变化呢？首先，生石灰遇水转化成熟石灰，即由氧化钙变成氢氧化钙；氢氧化钙一方面与纯碱反应，生成氢氧化钠；另一方面与草木灰中的可溶性成分——碳酸钾反应，生成氢氧化钾。氢氧化钠和氢氧化钾都属于苛性碱，能够使蛋白质凝结成富有弹性的固体，并杀死会导致鲜蛋腐败的各种细菌。所以，皮蛋的原理，简单来说，就是利用了"强碱溶液能使蛋白质凝固"的特性。

美丽的松花

松花蛋因松花得名，松花其实是在蛋白凝胶体或蛋白与蛋黄之间产生的类似松枝状的白色晶体簇。这种美丽的"图案"也来自于化学反应。鲜蛋蛋白的主要化学成分是一种蛋白质，如果放置较长的一段时间，蛋白中的部分蛋白质就会分解成氨基酸（主要是苏氨酸和酪氨酸）。看看氨基酸的化学结构：由一个碱性的氨基和一个酸性的羧基构成，因此，它既能和酸性物质反应，又能和碱性物质反应。

当人们给松花蛋裹上料灰之后，料灰中的碱性物质从蛋壳上的细孔渗入，与蛋白中的氨基酸化合，生成氨基酸盐。这些氨基酸盐是不溶于蛋白的，再加上水分较少，于是就以一定的几何形状结晶出来，形成了漂亮的松花。正因为如此，松花又被称为"干酪氨酸结晶"。

蛋黄变成了青黑色

在料灰的碱性浸渍下，鲜蛋的蛋黄也会发生变化，黏度增高，依然保持1/4至1/2的糊状，没有完全凝固，这叫作"溏心皮蛋"；如果碱性太强，或是浸渍时间太久，蛋黄就会完全凝固，成为"硬心皮蛋"。

我们知道，鲜蛋的蛋黄是橙黄色的，但皮蛋的蛋黄是青黑色的。这是为什么呢？要回答这个问题，需要从蛋黄的化学成分说起。蛋黄的化学成分虽然也是蛋白质，但是与蛋白所含的蛋白质不同，是另外一种含硫的蛋白质。日子久了，这种蛋白质也会分解变成氨基酸，皮蛋的蛋黄吃起来之所以比普通蛋类的蛋黄鲜得多，就是因为大量氨基酸的存在。话说回来，蛋黄氨基酸同时会释放出我们平时所说的"具有臭鸡蛋气味"的气体——硫化氢。由于蛋黄本身还含有许多其他成分，比如铁、铜、锌、锰等，这些成分都能与硫化氢发生反应，生成硫化物。所以，呈青黑色的蛋黄实际上就是因为产生了硫化物导致的。这些硫化物大都极难溶于水，因此可想而知，它们并不能被人体吸收。

铅是从哪儿来的

皮蛋的营养成分与一般的蛋类接近，并且由于蛋白质分解成了氨基酸，人体更容易消化吸收，胆固醇也变得较少。同时，皮蛋是一种碱性食物，对于普遍偏酸性体质的现代人来说，能起到平衡体内酸碱度的重要作用，难怪中医将皮蛋列为清热解毒、开胃健脾、清血健骨的滋补品。但是，也有媒体报道皮蛋含铅，呼吁人们不要多吃。皮蛋真的含铅吗？铅又是从哪儿来的呢？

原来，在传统皮蛋的制作过程中，料灰的原料除了纯碱、生石灰、草木灰和食盐之外，还会掺和一种叫作"黄丹粉"的物质。黄丹粉的化学成分即是氧化铅，掺入的目的是使蛋白质迅速凝固，加快其成形；同时，氧化铅涂抹在蛋壳上，能够堵住蛋壳表面的小孔，起到密封的效果。

从大众健康的角度出发，皮蛋的制作工艺也在不断改良。目前市场上销售的皮蛋，有很多都打出了"无铅"的旗号。这是因为人们开始使用氯化锌或者硫酸铜来代替氧化铅，也就是说，已经从工艺上排除了直接添加铅的可能性。但是，无铅皮蛋并非如大众想象的那样，一点铅都不含，其实只是含铅量稍低而已。因为制作皮蛋所用的蛋仍是自然界的产物，而在自然界中，包括鸡蛋、水、土壤都是含铅的，所以皮蛋含铅也就不足为奇了。并且不光是皮蛋，很多食物都可能因为同样的原因而含铅。按照现在国家的标准，无铅皮蛋的含铅量为每千克含量低于0.5毫克，如果按每枚皮蛋60克来计算，即一枚皮蛋的含铅量低于0.03毫克。因此，只要是从正规渠道购买的、符合国家标准的皮蛋，是可以放心食用的。

科学小常识

分辨"好蛋"与"坏蛋"

1.品质优良的皮蛋一般蛋白部分呈红褐或黑褐色，蛋黄则呈墨绿或澄红色；蛋黄若呈黄色，就表示皮蛋不太新鲜。2.有的皮蛋会添加磷酸铁，磷酸铁也会产生白色针状结晶，这说明皮蛋的含铁量高。3.如果蛋壳及蛋白表面有很多黑色斑点，则意味着皮蛋中铅、铜含量过高。

离不了的食盐

> 曾经有一位美食家这样说过："天下间最难吃的食物是没有放盐的食物。"然而，食盐在我们的生活中，绝不仅仅只充当调味剂的小角色。

汉武帝时，由于连年对匈奴用兵，导致国库亏空。为了振兴经济，时任大农令的桑弘羊制定了一系列措施，其中最重要的一条就是将食盐生产收归国有，对民间私自煮盐售卖的行为处以极重的刑罚。食盐生产之所以关乎国计民生，是因为其需求量极大，人人都离不了食盐，餐餐都离不开食盐。

血压的秘密

人为什么要吃盐？在自然界中有这么一个有趣的现象：除了人和猴子（猴子经常相互舔舐，即是为了从同伴体毛上的汗液中获取盐分），其他动物，比如猫、狗、狮子、老虎似乎都没有刻意吃盐的"嗜好"。这又是为什么呢？难道与人区别于其他动物的最大特征——直立行走有关？

现代医学研究发现，水是跟着盐"走"的，也就是说，盐对水具有吸附力，没有盐，则水无法在人体内停留。盐的主要成分是氯化钠，通常还添加了钾，这些都是电解质，遇水即会电解为钠离子、氯离子和钾离子。钠离子、氯离子存在于细胞外液，而钾离子存在于细胞内液，它们就像一对势均力敌的"战友"，共同维持着细胞内外渗透压的平衡。在渗透压的作用下，血液才能在身体内正常循环，形成正常的血压机制。相对于四脚着地的动物，直立行走的人类的血压显然要高些，以保证身体各器官，尤其是脑部，随时能获得充足的血液供应，这就是血压的重要意义所在。而我们知道，血压是心脏收缩，使血液作用于血管所产生的一种压力，光吃盐固然不足以形成有效的血压，但是食盐中的钠离子可以增加血管对血液中各种升压物质的敏感性，使血压升高。正是因为这个原因，吃盐成了人类的一种生理性需要，然而每一位高血压患者会被医生叮嘱控制盐的摄入量，原因也在这里。

另外，如果体内的盐积聚过多，细胞浓度太大，为了保持渗透压的平衡，身体只有通过吸收大量水分来稀释，给我们带来感官上的反应就是口渴。水分是通过血液输送的，水分越多，意味着血液汇聚得也越多，这样一来，就会给心脏带来沉重的负担，容易诱发或加重心力衰竭症状。但是如果摄入的盐量不足，情况则恰恰相反，会出现疲乏、头昏、食欲不振，甚至虚脱等症

状。在医院里，医生给呕吐、腹泻的病人注射生理盐水；夏季为了防止中暑，大量出汗的人也会喝盐水补充，都是一个道理。

从大海获得馈赠

人类采盐的历史十分悠久，相传最早的采盐方法就是直接从干涸的河床或湖床刮下结晶盐块，这种方法在很大程度上要靠运气。但是没过多久，人们就找到了另一种保险的方法——晒海盐。为什么说晒海盐更保险呢？因为海水中所含的盐分达到了4500亿吨以上，简直就是一座取之不尽、用之不竭的天然"盐库"。

晒海盐其实并不复杂，简单地说，就是把海水引进大片滩涂，然后利用日光和风力，使海水中的氯化钠等成分形成结晶。说到"结晶"，化学上一般有两种方法：一种叫作"降温结晶"，另一种叫作"蒸发结晶"。所谓"降

温结晶"，主要针对的是溶解度随温度变化大的溶质，比如经常用作复合化肥的硝酸钾，先把硝酸钾溶液加热，温度越高，硝酸钾溶解得越充分，直到达到饱和状态，这时如果降低温度，硝酸钾就会因为溶解度降低而析出了。但是海盐与之不同，海盐中氯化钠等成分的溶解度受温度影响不大，通俗地说，也就是高温下的海水和低温下的海水"一样咸"，所以不用加温，只需经过普通的蒸发，使水分减少，就能达到盐分结晶的目的了。因为一定量的海水所能溶解的盐分是一定的，一旦海水减少，多余的盐分自然也就析出了。

在世界上许多地方的海边，比如我国渤海沿岸的长芦盐场，可以看到一望无际、像稻田一样的池子，这就是盐田。把海水引入盐田中，称为"纳潮"。进入田里的海水，浓度一般在3波美度（表示海水浓度的专有名词）左右，也就是说，这时候的每一百公斤海水，能晒出3公斤左右的海盐来。当海水在田里经过大约9天的蒸发后，浓度可达到20波美度。接着，就要进行制卤了。制卤要在另外的盐田里进行，田底部铺一层黑色盐膜，既起到吸热的作用，又有利于卤水结晶保持清洁。如果卤水浓度达到24波美度，也就达到了出盐的标准。这时，盐民们每隔半小时就用绳子搅动卤水——"卤打花"，目的是让新鲜卤水和老卤水混在一起，可以让盐的结晶体更加均匀细腻。

加碘少不了

制盐是一个连续的生产过程，从盐田到餐桌，我们最后吃到的盐除了要经过干燥、提纯等复杂的步骤，还有最关键的一道工序——加碘，即向盐中添加碘元素。从1994年开始，食盐加碘被作为一项国策，在我国全面推行。碘是人体必需的微量元素之一，有"智力元素"之称，人体内70%-80%的碘都存在于甲状腺中，而甲状腺对于控制代谢、促进生长发育有着重要的意义。在日常生活中，人们通过饮水和食物来获取碘，而水与食物中的碘含量又主要取决于当地的生物地质状况。比如，在远离海洋的内陆山区环境中，碘缺乏的问题往往十分普遍而突出，这就导致了地方性缺碘疾病——甲状腺肿、克汀病（智力低下，并有不同程度的听力和言语障碍）的流行。20世纪80年代，通过抽样调查发现，我国大部分地区环境普遍缺碘，在相当一部分地区，即使碘缺乏还没有到达导致地方性疾病流行的严重程度，但当地儿童的智力发育已经受到了危害。鉴于此，国家才规定通过在食盐中加碘来实现全民补碘。直到今天，食盐加碘仍旧是防治碘缺乏最安全、最经济、最有效的一种方法。

低钠：降盐不降味

近些年来，随着物质生活水平的提高，人们吃得越来越好、越来越精，但带来的结果不是身体素质的提高，反而是各种"富贵病"缠身。高血压即是"富贵病"中最常见的一种，它与整个社会"嗜咸"的口味有关。我们知道，食盐中的钠离子是引起高血压的罪魁祸首，但也是咸味的来源。对于很多来说，几天不吃甜没有问题，但若几天不吃咸就受不了了。对此，专家指出，对咸味的追求使得大多数人吃下的盐远远超过了其维持生理功能所需要的量。据统计，我国居民平均每天吃盐达10克，如果要降低到低于6克的"科学推荐量"，恐怕大家都觉得"淡得吃不下"。

如何在不降低咸味的前提下"降盐"，这已经成为了现代食品领域的一大挑战。低钠盐就是在这种背景下诞生的。所谓"低钠盐"，其中氯化钠的含量比普通食盐低35%~40%（普通食盐中，氯化钠的含量高达95%），咸味却与普通食盐相当。这是怎么做到的呢？其实有一种很容易想到的思路：用另一种咸味物质来替代食盐中的钠离子。在元素周期表中，跟钠同一族的其他金属元素，因为原子结构上的相似性，也都有一定的咸味，且"个头儿"越小，咸味越强。比钠更小的有锂，也就是说，锂比钠还"咸"，但它的毒性使之失去了替代的资格。此外，与钠最接近的就是钾了，虽然钾的咸味不如钠，但对于健康人来说，多摄入些钾毕竟是无害甚至有益的，所以，它也就被广泛用于"低钠盐"中了。

面包里的洞洞

在超市的食品添加剂专柜中，总是少不了酵母。提到酵母，很多人都知道是制作面包和馒头的必需材料。可是，烤面包、蒸馒头为什么一定要用酵母呢？

如果不用酵母，做出来的面包和馒头会是什么样子呢？估计会像士力架巧克力一样结实，完全没有了蓬松柔软的风味。早在公元前 3000 年，人们就已经懂得用酵母来发酵食品了。因为多被用来发面，很多人都误以为酵母是一种食品添加剂，但实际上它属于食品。不信的话，可以查阅我国的《食品添加剂卫生使用卫生标准》，酵母被归为"其他食品"类，所有的酵母产品均标注有 QS 认证。

酵母菌在面团中繁殖

如果你知道了买回来的酵母其实是一袋子细菌的话，请千万不要惊慌。这其实没有什么可怕的，并不是所有细菌都是有害的，比如在我们的肠道中，就生活着数以千万计的益生菌，它们帮助消化和吸收，没有了它们，我们身体的新陈代谢肯定要出问题。

话题再回到酵母上，这究竟是一种什么细菌呢？酵母菌是一种真菌微生物，在一定条件下能大量繁殖，而使它们大量繁殖，恰恰是我们制作面包和馒头时想要达到的效果。对于酵母菌来说，湿面团可以称得上理想的"家园"了，它为酵母菌的繁殖提供了适宜的养料、温度和湿度。酵母菌的养料主要是糖类，面团中淀粉水解可以形成单糖，配料中的蔗糖经过酵母菌自身的酶分解，也能转化成单糖。虽然如此，糖类也不是越多越好，因为浓度过高会产生渗透压，反而抑制了酵母菌的生长。温度，是酵母菌最为敏感的一个因素。酵母菌喜欢的温度在25℃至28℃，温度过低，会让酵母菌的繁殖周期延长，所以，我们常常能看见有人把面团包在棉袄或被子里。而温度过高，又会给其他杂菌，如乳酸菌、醋酸菌等提供可趁之机，以至面团发酸。另外，酵母菌的繁殖速度也会随着面团中的水分含量变化。在一定范围内，水分越多，酵母菌繁殖速度越快，反之越慢。

二氧化碳四处"逃亡"

面团的发酵过程主要是利用酵母菌的生命活动现象。酵母菌在有氧气和没氧气的条件下都能够存活。在面团发酵初期，面团中的氧气供应充足，酵母菌的生命活动非常旺盛，这个时候，它们通过有氧呼吸作用，迅速将面团中的糖类物质分解成二氧化碳和水，并释放出一定的热量。如果我们伸手摸一摸，会发现面团有升温现象，这就是酵母菌有氧发酵所形成的。随着酵母菌呼吸作用的进行，面团中有限的氧气被消耗殆尽，而二氧化碳逐渐增多，这时，酵母菌的有氧呼吸即转变成了无氧呼吸。在无氧呼吸的过程中，也会伴随着少量二氧化碳和酒精的产生。当面团中的二氧化碳积蓄到一定量，然后对面团进行烘烤，猜猜将出现什么结果呢？我们知道，二氧化碳气体受热膨胀，却因为包裹在面团中无法溢出，所以它"急"得像热锅上的蚂蚁，四处"逃亡"，不仅把面团胀得鼓鼓的，还在面团里面"咬"出一个一个的洞洞藏了进去。于是，面包就这样诞生了。

有人或许还会担心，那产生的酒精呢？要是还留在面团里的话，烤出来的面包该有多难吃啊！好在酒精不像二氧化碳，它的挥发性很强，在加热过程中早已消失得无影无踪了。

泡打粉和小苏打的秘密

除了酵母菌，发酵面团还可以用小苏打或者泡打粉，它们都能使面团变得疏松多孔，这三者之间又有什么区别呢？它们的区别在于发酵的原理不同、方式不同、时间不同。酵母菌是一种活性菌，是通过细菌的不断繁殖来发酵的，可以说是"生化发酵"；而小苏打和泡打粉都是化学物质组成的，靠化学反应生成大量二氧化碳来达到发酵的作用，属于"化学发酵"。但这两者也有不同，小苏打是受热发酵，而泡打粉是快速发酵。

先来说说小苏打。小苏打的化学名称叫作"碳酸氢钠"，通过受热分解能产生二氧化碳，其自身为碱性，所以还能中和面团中的酸味。但是，小苏打释放的二氧化碳不多，容易导致气孔少，面团发酵不好。如果用量稍多，还会使面团色泽发黄，产生碱味。

泡打粉的主要成分是小苏打、酸性原料和玉米淀粉。酸性原料的作用在于使酸碱平衡，而玉米淀粉则可以分隔碱性和酸性粉末，避免过早反应。这样混合调配出来的泡打粉发酵时化学反应更加强烈，能生成更大量的二氧化碳，所以对做面包来说速度也更快。

来自奶油的致命诱惑

> 糖果、蛋糕、冰激凌,历来都是孩子们的最爱。这些食品之所以能讨得孩子们的欢心,奶油可谓"功不可没"。奶油不仅具有柔滑的口感,而且容易被做成各种造型。但是,它可不是一种健康的选择。

从类型上看,奶油可以分为动物奶油和植物奶油两种。动物奶油是从牛奶、羊奶中提取的,植物奶油则是以大豆等植物油和水、盐、奶粉等混合加工而成的。像西餐中经常用到的黄油,就是动物奶油;而蛋糕房里用来做蛋糕的奶油,大多都是植物奶油。就口感而言,动物奶油比植物奶油更好。

脂肪的沉重负担

大家都知道,奶油吃多了容易长胖,这是因为奶油的主要成分是脂肪。首先,我们以动物奶油为例,看看它是怎样做出来的。用生牛乳为原料,将其静置一段时间之后,密度较低的脂肪便自动浮升到顶层,与牛乳中的其他成分,如蛋白质、水等,形成分层。把顶层的脂肪分离出来,得到的就是奶油了。由此可见,制取奶油其实是比较简单的,自己也能做到。而在食品工业生产中,奶油制取的原理大致相同,只不过多了精细的提纯步骤,并且采用了比静置更高效的方法来分离脂肪,即通过离心机。"离心"其实是一个物理概念，简单来说就是通过高速旋转产生的强大离心力，把液体中不同密度的物质分开。一般来讲，奶油制取之后，还要经过一番搅打：拌入的空气使脂肪小球以链状结构聚结并吸附在气泡上，这些脂肪小球组织稳定，将蛋白质、水等其他成分"封锁"在气泡之间。奶油的体积为什么会胀大，原因就在这里。

再来说脂肪是怎样使人长胖的。长胖从本质上来说，是因为吸收大于消耗，导致脂肪在体内堆积。脂肪是人体的三大组成部分之一（其余两大组成部分是蛋白质和糖类），被称为"能量仓库"。我们举手投足，甚至呼吸，都需要能量，而当身体消耗能量时，首先选择的不是脂肪，而是碳水化合物，比如糖类。食物中的糖类被转化成葡萄糖，储存在细胞中，随时提供能量，只有在葡萄糖出现"短缺"的情况下，身体才会去消耗脂肪。然而在现实生活中，我们摄入的糖类往往超过了所需，葡萄糖达到饱和后，会被身体以脂肪的形式储存起来。就这样，脂肪越积越多，从以备不时之需变成了一种沉重负担。有人或许会问：人体为什么不消耗脂肪、储存糖类呢？这是一个很有趣的问题。原因可能在于脂肪比糖类高能。由于脂肪不溶于水，这就允许

细胞在储备脂肪的时候，不需同时储存大量的水。相同重量的脂肪和糖类分解时，前者所释放的能量要多得多，也就意味着储存脂肪比储存糖类更"划算"。实际上，在保持总能量不变的情况下，如果我们将脂肪换成糖类，那么体重很可能至少会翻番。本来是人类进化过程中的一个智慧选择，却也为我们今天的肥胖埋下了祸根。

反式脂肪酸入侵

近些年来，有媒体报道称，在糖果、蛋糕、冰激凌中含有反式脂肪酸，其对健康的危害"堪比杀虫剂"。像前面提到的植物奶油，其实就是反式脂肪酸入侵的"重灾区"。

要了解反式脂肪酸，还要从脂肪酸说起。脂肪在脂肪酶的作用下，可以分解成甘油和脂肪酸。脂肪酸又分为饱和脂肪酸和不饱和脂肪酸，以饱和脂肪酸为主组成的脂肪在室温下呈固态，如牛油、羊油、猪油等动物油；而以不饱和脂肪酸为主组成的脂肪在室温下呈液态，如花生油、玉米油、豆油等植物油。虽然动物油和植物油都是人们摄入脂肪的主要来源，但是动物油毕竟来源比较稀少，所以价格也比较昂贵。相比之下，植物油倒是便宜很多，但是有一个缺点——易变质。这是因为不饱和脂肪酸的原子结构是顺式，性质很不稳定。20世纪初，德国化学家威廉·诺曼想到了一个解决办法，他通过氢化作用使得不饱和脂肪酸的原子结构由顺式变成了反式，这样制造出来的植物油称为"氢化油"。氢化油的性质稳定，不易变质，可以代替动物油使用，而且价格要便宜得多。很快，这种含有大量反式脂肪酸的氢化油在食品生产工业中得到了广泛应用，尤其被用来制作植物奶油。

奶油的主要成分是脂肪，吃多了会胖哦！

人们认识到植物奶油和反式脂肪酸的危害,是从20世纪80年代末开始的。美国哈佛大学的一项研究证明了反式脂肪酸与心血管疾病存在相关性,欧盟随后的研究也证明了这一结论。虽然目前没有权威研究证明反式脂肪酸会导致糖尿病、乳腺癌等疾病,但它对于哺乳期妇女、胎儿、青少年发育的不利影响是毋庸置疑的。更让人担忧的是,这种影响是一个长期而缓慢的过程,也许短期内看不出什么害处,可一旦出现问题,后果将是致命的。

彩色之忧

自然状态下的奶油是乳白色或略带淡黄,但是我们吃到的奶油蛋糕是花花绿绿的。鲜艳的色彩确实能引起人的食欲,但是也给身体健康带来了威胁,因为它们是用食用色素"染"出来的。并不是所有的食用色素都有害,比如我国自古就有用红曲米酿酒、酱肉、制红肠的习惯,西南一带用黄饭花、江南一带用乌饭树叶捣汁染糯米饭食用。可以看到,这些色素都直接来自于动植物组织,所以不仅对人体无害,而且具有一定营养价值,被称为"天然色素";而"染"奶油蛋糕的色素大多是用从煤焦油中分离出来的苯胺染料制成的,称为"人工合成色素",过量摄入人工合成色素会影响神经系统发育,使人出现躁动、情绪不稳、注意力不集中等症状。

无论是天然色素,还是人工合成色素,它们为什么能够染色呢?简单来说,这是利用了色素分子与食品分子相结合而使食品分子着色的过程。在这个过程中,既有物理作用,也有化学作用。物理作用主要指的是吸附,大分子有从周围吸附小分子到自身的特性。微小的色素分子通过渗透和毛细管作用,被吸收到较大的食品分子的小孔中去着色。化学作用则与染料的酸碱性有关。任何染料均可电离出阳离子或阴离子,酸性染料中的酸性部分有染色作用的是阴离子;碱性染料中的碱性部分有染色作用的是阳离子。而食品分子同时含有酸性和碱性两种物质,酸性物质与碱性染料中的阳离子相结合;反之,碱性物质与酸性染料的阴离子相结合。

香烟有多毒

> 香烟的发明实非人类之福。每年，全世界有250万条生命被香烟吞噬，它也因此摘得了"人类第一杀手"的"桂冠"。

法国科学家亨利·安德森曾经做过一个有关香烟毒性的试验：他把从一支香烟中提取的毒素注入一只体能正常的小白鼠身上，一分钟后，小白鼠出现呼吸急促、心跳加快、到处乱窜等症状，并用头撞击容器内壁，五分钟后抽搐死亡。亨利·安德森向外界解释，导致小白鼠死亡的是香烟中所含的尼古丁成分。

尼古丁：可怕的魔鬼

如果说一支香烟的尼古丁含量可以杀死一只小白鼠，那么两盒香烟中的尼古丁含量足以杀死一头成年健壮的公牛！尼古丁究竟是一种什么物质呢？其实，它是一种难闻、味苦的挥发性油质液体，"毒蛇不咬烟鬼"，就是因为吸烟者身上挥发出来的尼古丁的苦臭味。尼古丁很容易被人体吸收，一旦进入体内，通过血液循环，只需要7秒即可到达脑部，引起四肢末梢血管收缩、心跳加快、血压上升、呼吸急促等症状，这就是尼古丁中毒现象。对于长期吸烟者来说，每天吸一盒（20支）香烟是很平常的事情，一盒香烟的尼古丁含量实际上已经大大超过了人的致死量，为什么中毒死亡者却很少呢？原

因在于香烟点燃后，50%的尼古丁随烟雾扩散到了空气中，25%被燃烧破坏，5%随烟头被扔掉，只有20%被机体吸收。而且，大多数人都不是连续吸烟的，尼古丁间断缓慢地进入人体内，由于肝脏的解毒作用，又使一部分尼古丁随尿液排出了。

除了毒性，尼古丁的另一个可怕之处莫过于成瘾性。"戒烟很容易，这只不过是我第一千次戒烟而已"，美国作家马克·吐温的自嘲也道出了众多吸烟者的心声。这个魔鬼到底是怎样使人上瘾的呢？当吸入第一口烟时，很多人都会有辣鼻子、呛气管等不适应感受，甚至被熏得眼泪直流，这是因为人的鼻腔黏膜本来是不接受尼古丁的，但是如果多吸几次，不适应感很快就会消失，这便意味着上瘾的开始。当尼古丁以烟为载体进入人体后，它会迅速作用于大脑腹侧被盖区的尼古丁受体，受体被激活，释放一种叫作"多巴胺"的物质，多巴胺就像一个"兴奋精灵"，能使人脑产生各种愉悦的感受。但是，尼古丁在人体内是有半衰期的——大约两小时，也就是说，两小时之后，随着体内尼古丁含量的减少，多巴胺的分泌水平也迅速下降，吸烟者马上就会感到烦躁、恶心、头痛，并渴望补充尼古丁。而一旦得到了尼古丁补充，多巴胺再次被释放，吸烟者再次感觉愉悦，于是便在大脑中形成了一个对尼古丁依赖的"奖赏回路"。由于大脑长期处在被尼古丁激活的状态，对尼古丁的敏感反应也会逐渐降低，造成的后果就是：吸烟者对尼古丁的需要越来越频繁，从两个小时吸一次缩短到三十分钟；量也越来越大，从一天一支香烟发展到一天一盒，唯有如此，才能使大脑维持在清醒稳定的状态。

被熏黑的肺

肺是人体重要的呼吸器官。正常人的肺呈润红色，而通过X光检测吸烟者的肺则是黑色的。造成肺部变黑的罪魁祸首是香烟中的焦油。在香烟盒上，一般都会明确地标注出焦油的含量，以起到警示的作用，但是，很多人对焦油以及其造成的危害并不了解。

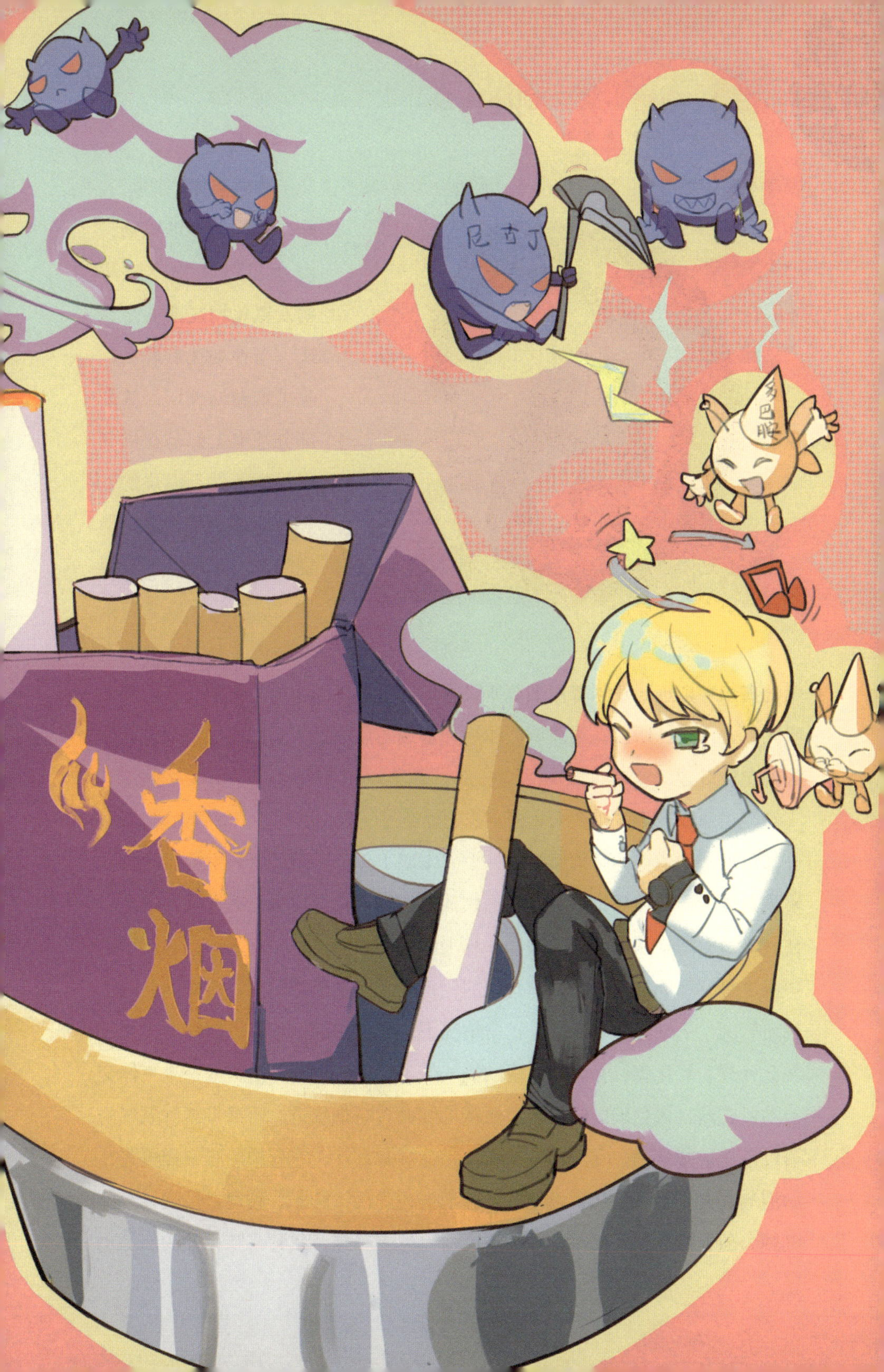
尼古丁
多巴胺
香烟

焦油俗称"烟油"，是一种棕色的油腻物，由众多氧化物、硫化物及氮化物复杂混合而成。当香烟被点燃后，除了烟卷的外层，其余部分基本上都是在供氧不足的条件下燃烧的，焦油即是烟草不完全燃烧的产物。可以想象得到，焦油的生成量与香烟的长度有关，因为点燃处离滤嘴越远，意味着被烟草所吸附焦油越多，而生成的焦油几乎全部被吸入了人体内。所以，雪茄烟、斗烟和水烟的焦油生成量都比纸卷烟少，原因就在这里。

当焦油随着烟流进入人体内，首先要经过气管、支气管，最后到达肺部。肺部排列于气道上的微细绒毛有一个"本职工作"，就是将外来的微粒扫入痰或黏液中，促使其排出。但是，焦油中的有害化学成分会破坏这些绒毛，使其变短，清除功能降低。这样，越来越多的焦油"长驱直入"，对肺形成包围之势。肺部是由很多肺泡构成的，每个肺泡上面都覆盖着蜘蛛网般的毛细血管网。毛细血管非常薄，正常情况下，血液中的红细胞可以穿透进来，在此释放二氧化碳，并将肺泡里的氧气带走。可以说，肺泡就像一个气体交换站，充满二氧化碳的暗红色血液从毛细血管一端流进，而携带新鲜氧气的樱红色血液则从另一端流出。然而，焦油具有黏性，它就像黑膜一样覆盖在肺泡的表面，毛细血管因而堵塞，肺泡失去弹性，膨胀、破裂，最终导致肺气肿。随着焦油越积越多，肺部也会变得越来越黑，各种与肺相关的疾病也随之而来。

有的吸烟者可能会说"我吸烟吸了这么久，并没有觉得肺部有什么不舒服"，这是因为肺的代偿能力特别强，当它开始发黑的时候，人一般不会有感觉，等到开始咳嗽、咳痰、气喘时，就说明已经受损很严重了。肺一旦变黑，就不可能再恢复了，也就是说，这种损害是永久性的。

生活在"毒气工厂"周围

一支点燃的香烟就像一座小型"化工厂"。研究发现，香烟燃烧产生的烟雾中含有4000多种化学物质，其中很多是有毒的，有些甚至还带有放射性。与吸烟者同住一个屋檐下，其危害不亚于生活在"毒气工厂"周围。

国际癌症研究署把香烟烟雾分为两种："主流烟"与"支流烟"。主流烟，是指从香烟过滤嘴端吸出的烟雾，针对的是吸烟者本人；而支流烟，则是烟草不完全燃烧产生的，俗称"二手烟"。二手烟扩散到空气中，危害的范围比主流烟大得多。据统计，我国目前的烟民人数高达3.5亿，受二手烟危害的人数却达到了5.4亿。有研究表明，相比于主流烟，二手烟的毒性有过之而无不及，这是由于二手烟是不完全燃烧产生的。从成分上分析，二手烟所含的尼古丁、焦油、一氧化碳以及致癌物质多环芳香烃分别是主流烟的2倍、3倍、5倍和50倍。

泡在酒里的化学

> 我国是酒的故乡，也是酒文化的发源地。早在公元前2200年，先民们就已经掌握了酿酒的技术。而在数千年的文明发展史中，酒与文化的发展基本上是同步的。

酒的种类有很多，包括白酒、啤酒、葡萄酒、黄酒、米酒及药酒等。其中，白酒是我国特有的一种蒸馏酒，它是由淀粉或糖质原料经发酵、蒸馏而得的，又称"烧酒""老白干"等。在我们的日常生活中，虽然饮酒的人不少，但是大家对酒里包含的化学知识知道得并不多。

什么是度数

在购酒的时候，我们通常都会关注酒的度数：20度、38度、40度……一般来讲，度数越高，越容易醉人。那么，这些度数究竟代表什么意思呢？它表示酒中所含乙醇（即"酒精"）的体积百分比。以白酒为例，白酒的酿造多以高粱、小麦、豌豆为原料，原料中的淀粉用麦芽或麸曲作糖化剂，再经酵母菌发酵，麦芽糖就转化成乙醇了。不过，依靠这种方式得到的乙醇量通常很少，所以要进行蒸馏，以提高乙醇含量。50度的白酒，即表示在20℃（酒精的溶解度与温度有关，这里都以20℃为标准）的环境下，100毫升白酒中含有乙醇50毫升。

按照乙醇的含量，可以将酒分为高度酒、中度酒和低度酒3类。高度酒是指40度以上的酒，比如白兰地、伏特加等；中度酒是指20度至40度的酒，一般的白酒度数在38度左右，即属于中度酒；低度酒指的是乙醇含量在20度以下的酒，像啤酒、黄酒、葡萄酒等。需要指出的是，啤酒的度数与前面所讲的不同，它不表示乙醇含量的高低，而是指啤酒生产原料，也就是麦芽汁的浓度。以12度的啤酒为例，即麦芽汁发酵前浸出物的浓度为12%。麦芽汁的浸出物是以麦芽糖为主的多种成分的混合物，由于乙醇是由麦芽糖转化而来的，由此可知，啤酒中乙醇的含量是低于12度的。比如常见的浅色啤酒，只含有3.3%~3.8%的乙醇；浓色啤酒的乙醇含量也不过4%~5%。

为什么说陈酒飘香

"百年陈酒十里香"，大家都有这个常识，即使品质一般的酒，存储几年甚至几十年、几百年以后，也会变得酒香浓郁、甜味甘醇。这是什么原因呢？我们知道，酒的主要成分是乙醇。我们的祖先在长期的酿酒实践中逐步掌握了使酒陈化的方法，他们把新制的酒放在坛里密封好，存放在温度、湿度适宜的地方，等待其慢慢发生化学变化。酒里含有的醛物质，随着时间推移，会不断氧化，转化成羧酸；羧酸再和乙醇发生酯化反应，生成乙酸乙酯。使酒散发出醇香气味的"功臣"便是乙酸乙酯了。实际上不止酒，在菠萝、香蕉、草莓等水果香精中，以及威士忌、奶油等香料原料中，也常常含有乙酸乙酯成分。

新酒中的乙酸乙酯含量微乎其微，而其他成分，比如醛、酸等，不仅没有香味，反而会刺激喉咙。所以，新酒喝起来生、苦、涩，不那么适口，需要经过较长的时间，来等待乙酸乙酯

爱上科学

KETANG SHANG XUE BUDAO DE HUAXUE
课堂上学不到的化学
一定要知道的科普经典

AISHANG KEXUE YIDING YAO ZHIDAO DE KEPU JINGDIAN

的转化，这个过程就叫作"陈化"。陈化的时间越长，乙酸乙酯转化得越多，酒也就越陈越香了。可喜的是，随着现代科学技术的发展，新酒陈化的时间可以大大缩短。比如利用辐射方法照射新酒，15天后即可品尝，酒的杂味减少，在浓香、甘醇、回味等方面的品质都有所提高。

保质期的疑问

既然酒是越陈越香，为什么我们买到的瓶装酒却又有保质期呢？因为打开的瓶装酒可能会变酸。我国古代有个成语叫作"恶狗酒酸"，说的是春秋时期宋国有位卖酒人，他酿造的酒又香又醇，只因为店里养了一只凶猛的狗，无人敢上门光顾，以致时间一长，酒都发酸变坏了。

我们知道，酿酒必须具备一定的条件，才能使乙酸乙酯增多。如果酒坛不经密封或者密封条件不好，温度、湿度条件不适宜，时间长了，不仅乙醇会挥发掉，而且会招来"不速之客"——醋酸菌。在空气中，醋酸菌随着尘埃一起到处漂浮，当酒与空气接触时，醋酸菌就会乘机进入酒里了。醋酸菌在酒里大量繁殖，可以帮助酒发酵，促使乙醇与空气中的氧气缓慢地发生氧化反应：乙醇先被氧化成乙醛；乙醛又继续被氧化成了乙酸。乙酸是一种什么物质呢？它的俗名叫作"醋酸"，酒之所以会变酸变馊，就是醋酸惹的祸。像苹果、梨子烂了之后，往往有股酸味，这也是醋酸菌在作怪。所以，打开的瓶装酒要尽快喝完，以免酸败成醋，这就是保质期的意义所在了。不过，如果是尚未开启的酒，密封也很好，那么按照"酒越陈越香"的说法，长期存储是没有问题的。

酒量不是练出来的

民间有一种说法，只要多喝，酒量是可以练出来的。其实，这种说法是错误的。人饮酒后，乙醇经过肠胃的吸收，通过血液被送到肝脏组织中。肝脏是乙醇在人体内代谢的主要场所。乙醇的代谢与肝脏中的两种酶有关：一种是醇脱氢酶，它能将乙醇转化成乙醛；另一种是醛脱氢酶，负责将乙醛转化成乙酸，紧接着再将乙酸分解成水和二氧化碳。有的人体内缺少这两种酶，特别是缺少醛脱氢酶，以至转化乙醛的能力差。乙醛对人体的刺激作用比乙醇要强几百倍，当大量乙醛在体内蓄积又无法转化时，人就会出现脸红、心跳加速、头晕、呕吐等症状。为什么有的人喝酒会脸红，而有的人则不会，原因就在这里。但是无论是醇脱氢酶还是醛脱氢酶，它们都是先天性的，与遗传因素有关，不可能因为多喝酒而增多，所以，酒量也不是练出来的。

科学小常识

酱香型与浓香型

白酒有香型之分，最常见的两种香型是酱香型和浓香型。酱香型白酒微黄而透明，入口绵软，空杯留香，饮后不上头，以茅台酒、红花郎酒为代表；浓香型白酒无色透明，酒香浓郁，甘冽适口，有绵甜之感，以泸州老窖、五粮液和剑南春等为代表。

会冒泡的啤酒

> 很多啤酒广告都喜欢利用泡沫从杯口溢出的那一瞬间来吸引顾客眼球,这种洁白细腻的泡沫成为啤酒区别于其他饮料的重要特征。

轻轻摇动啤酒瓶,会有很多小气泡从底部涌上来,又慢慢消失;把啤酒倒入杯中,会看到一层厚厚的泡沫立刻涌向杯口,有时能占到杯子高度的1/3到1/2。当泡沫升起时,带给人们的不仅是一种美的视觉享受,更有一股浓郁的酒花香味。根据啤酒制造的行业标准,泡沫是否细腻、是否持久挂杯,已经成为评判啤酒质量的一个重要标准。

二氧化碳制造清凉

从本质上讲,啤酒是二氧化碳的过饱和溶液。啤酒中的二氧化碳,既是可以在发酵过程中产生的,也是可以在灌装过程中加入的。在密封的情况下,二氧化碳在水里的溶解度跟压强有关,压强越高,溶解的二氧化碳越多。打开瓶盖的一瞬间,由于压强变小,二氧化碳立刻从啤酒里分离出来,形成大量气泡。如果啤酒有过剧烈运动,比如被摇晃或者被快速倒入杯中,再加上杯子表面若粗糙不平,那么就会更快、更多地产生二氧化碳气泡。当喝啤酒的时候,二氧化碳也被喝进,到达了肠胃中,但是它不会被身体吸收,而是通过打嗝等方式最终排出体外。由于打嗝时二氧化碳带走了一部分肠胃的热量，所以能使人感到清凉，这也就是炎炎夏日里啤酒大受欢迎的原因所在。

活性剂的作用

像可乐、雪碧等碳酸饮料也含有二氧化碳，也会产生冒泡的现象。比如，将可乐倒入杯子中，可以看到很快有气泡冒上来。不过，这些气泡马上便破碎，并且把小液滴向周围喷溅，而很难形成像啤酒一样漂浮、持久的泡沫。这也就是说，要形成泡沫，光有气泡是不够的。

啤酒中还含有蛋白质、脂肪酸以及麦芽胶质等，正是这些物质充当了表面活性剂的作用，使气泡不容易破碎而形成稳定的泡沫。表面活性剂，一般是同时具有亲水部分和憎水部分的有机物分子。拿蛋白质分子来举例，其表面就存在亲水和憎水的不同基团。当啤酒里产生的气泡聚集在一起时，它们之间因接触而形成了多面体结构的泡沫。而蛋白质分子中，亲水的基团拼命"挤"进啤酒里，憎水的基团则喜欢暴露在气泡里，这样一来，就可以使泡沫的结构在比较长的时间里稳定存在了。

有时候，杯子的表面可能会黏上一些油脂，这时倒入啤酒，产生的泡沫就不太理想了，因为油脂对表面活性剂具有吸附作用。当泡沫总是消散不了，甚至溢出的时候，有人就会用筷子蘸点菜汤再搅进啤酒的办法使泡沫很快消失，其原因也是一样的。

饮茶学问多

古话说得好："开门七件事，柴米油盐酱醋茶。"茶是中华民族的举国之饮，茶叶以其较高的营养价值和药理作用名列世界三大饮料（其他两种是可可和咖啡）之一。

当把茶叶放进茶壶，冲入沸水稍等一会儿，一股清新的茶香便会扑鼻而来。也许你没有想到，在这个简单的过程中包含着一系列复杂的化学变化：茶叶发出的特殊香气其实是芳香油受热挥发；绿茶呈绿色，是因为含有叶绿素；红茶呈红色，则是由茶黄素和其他色素引起的。小小的茶叶，实在有着说不完的奥妙。

"浓茶醒酒"之谬

茶叶就像个"聚宝盆"，它的化学成分竟达四百多种。当我们喝茶时，这个"聚宝盆"就源源不断地为我们提供氨基酸、维生素及微量元素，还有丰富的矿物质。当然，除了营养，茶叶最为人称道的还在于保健功效，这全靠它所含的生物碱了。

茶叶中的生物碱主要有茶碱、可可碱、咖啡碱等，它们能中和人体内的酸性废物，从而调节人体酸碱平衡。有人或许有这样的体验：当劳累时或激烈运动后，喝上一杯茶，顿时就会感到舒服，既解渴，又解乏。这是因为茶

水中的生物碱中和了肌肉中的乳酸。出现在酸奶中的乳酸是美味，堆积在肌肉中的乳酸却是麻烦，它会让我们觉得肌肉渐趋僵硬、身体又酸又疼。乳酸是肌肉在激烈运动中因无氧呼吸而生成的代谢产物，所以为了减少乳酸，我们提倡有氧运动，当然，再就是饮茶了——迅速补充浓度较高的生物碱。

不仅如此，生物碱还能兴奋中枢神经，提神醒脑，加快血液循环，因此民间一直流传着"浓茶解酒"的说法。然而科学研究表明，茶非但不能解酒，相反可能加重酒醉的症状。酒精对心脏有强烈的刺激性，而浓茶也同样具有兴奋心脏的作用，若将两者加在一起，这样造成的损害是很大的，对于心脏功能原本就不太好的人，尤其不要尝试。酒后喝浓茶的害处还在于茶碱会刺激肾脏加速利尿作用，由于排尿过快，会把来不及完全氧化分解的乙醛提早引入到肾脏中，肾脏受到茶碱和乙醛的双重刺激，负荷过重。若经常如此，会损及肾脏的正常功能。同时，由于排尿造成的人体内水分大量减少，形成的有害物质残留沉积在肾脏中，还有可能产生结石。

鞣酸："锈"从这里来

茶叶也会生"锈"？是啊，茶壶、茶杯用过一段时间之后，里面常常会生出一层棕红色的、不太容易清洗的物质，这就是茶锈了。茶锈从哪里来的呢？它是鞣质耍的"鬼把戏"。鞣质是一种复杂的多酚类有机物，能溶于水，特别是沸水。当我们吃不太熟的柿子时，舌头常常会涩得发麻，这就是鞣质在作怪。不成熟的水果、菱、藕以及许多中草药里都含有鞣质。不过，不同来源的鞣质，化学结构并不完全一样，味道

也有些差异。茶叶中的鞣质，味道先涩后甘，许多人都特别欣赏这种味道呢！

鞣质是一个不太安定的家伙，当它和空气中的氧"会面"时，就会热情地与之"交朋友"——把氧原子拉进自己的身体里来，从而被氧化成暗色。茶水之所以放置一段时间后颜色会慢慢变深，原因就在这里。另外，鞣质分子之间也"情同手足"，它们会发生缩合、脱水等化学变化，最后合成一个整体，叫作"鞣酸"。鞣酸的"个头儿大"，不易受水分子"摆布"，是一种难溶于水的棕红色物质，当它慢慢从茶叶中沉淀出来的时候，总喜欢依附在茶壶和茶杯的内壁上。日子一久，我们就看到茶壶和茶杯里生出一层茶锈来。

其实，要除去茶锈也不难，只要将茶壶、茶杯中的水倒去，再蘸上牙膏来回擦刷就可以了。牙膏中既有去污成分，又有极细的磨蚀剂，很容易将茶锈擦去而又不会损伤壶杯。擦过之后，用清水冲洗一下，茶壶、茶杯就又变得明亮如新了。

隔夜茶到底能不能喝

蒙古族有一种制作奶茶的奇特方法：在前一天先把红茶煮沸，放置一夜；第二天再将茶水倒入木桶中不断捣动，直到浓茶变白，才和牛奶、黄油、蜂蜜、食盐等一起加热烧开。这样制成的奶茶营养丰富，消食化腻。

不过，我们平时喝茶，通常都是现泡现喝的，尤其有一种说法——隔夜茶不能喝。这种说法究竟对不对呢？其实，隔夜茶的概念和放置时间较长的茶水是差不多的，并不是因为产生什么有毒物质而不能喝，只是营养成分流失较多，不宜再喝罢了。一般来说，茶叶在第一次冲泡时，有5~6成的浸出物，像氨基酸、糖、生物碱、多酚类等，会溶入水中；第二次冲泡，可浸出3成；

茶叶里面还有非常多对人体有益的东西！喝茶对缓解疲劳非常有效哦！

第三次冲泡，可浸出一成。所以，茶叶在冲泡了三四次以后，能浸出的物质差不多都已经浸出了，再泡也没什么营养了，茶味也淡了。另外，随着冲泡时间的增长，茶水中的维生素C会逐渐分解，而维生素C在茶叶泡好的最初三个小时，其分解是非常显著的，直至完全消失。

当然，之所以强调"隔夜"，这里还有另外一个原因。由于茶叶中所含的营养成分很多，如果放置时间过长，氨基酸和糖类可能会滋生细菌。比如夏天气温高，细菌活动旺盛，茶水放上一夜就会变味发馊，这即是被细菌污染所致，像这样的隔夜茶当然是不能喝的。但实际上，没有变质的隔夜茶还是能喝的，不过是营养价值降低了。在医疗上，未变质的隔夜茶还有妙用——被用来治疗牙龈出血、舌痛、口腔炎等，这是因为隔夜茶中含有大量鞣酸，可以阻止毛细管出血。

科学小常识

药物忌茶

医生在开药的时候常常会嘱咐我们不要用茶水服药，这是因为茶水中的成分会与某些药物成分"打架"，使药效丧失。有哪些药物需忌茶呢？含金属的药剂，比如硫酸亚铁、含铁的补血糖浆等，茶叶中的鞣酸能与金属生成沉淀，有碍人体吸收；比如人参、黄连等中草药中也含有生物碱，这种生物碱与鞣酸也会反应生成难溶物。

水壶里的"钉子户"——水垢

> 新买的水壶用不了多久,锃亮的壶底就生出了一层厚厚的水垢。这些水垢不仅看着碍眼,动手除起来也相当费劲。

水龙头里流出的水清澈透明,你觉得它很纯净吗?那就错了。如果我们把水滴在一片干净的玻璃上,等到水干后,会出现什么现象呢?没错,有痕迹留下。这些痕迹是水里溶解的矿物质。在自然界的水循环中,雨降落到地面,涓涓细流汇成滚滚江河,穿山脉、越平原,冲刷岩石和土壤,矿物质就是从此而来的。也因为矿物质的存在,"钉子户"水垢才出现在水壶中。

硬水多杂质

据检测,一吨河水里大约有1.6公斤矿物质,一吨井水里的矿物质更是高达30公斤左右。这些矿物质,主要是含有钙、镁成分的可溶性盐类,比如碳酸钙、氯化镁等。在化学上,水中所含的钙、镁离子的总和称为水的"硬度",当总和相当于10毫克氧化钙时,则称之为1度。根据目前的划分标准,8°以下为软水,8°~16°为中水,16°以上为硬水。实际生活中,不但河水、湖水、井水、泉水是硬水,就连这些水经过沉降、除去泥沙、消毒杀菌后得到的自来水也是硬水。

烧煮硬水时,随着水温的升高,其中许多矿物质都会发生一系列的变化。

对于本来就不好溶解的矿物质来说，比如硫酸钙，由于一部分水变成了水蒸气，总水量减少，致使多余的硫酸钙析出沉淀。我们知道，水是一种弱电解质，少量的水分子也可以电离出氢离子和氢氧根离子。氢氧根离子与水中溶解的钙离子、镁离子相结合，生成氢氧化钙和氢氧化镁。氢氧化钙的化学性质不稳定，它和部分碳酸根离子反应，可以生成更稳定的碳酸钙。碳酸钙和氢氧化镁都不溶于水，它们积累在水壶的内壁，时间一长，就形成了水垢。

用酸来"消化"

水垢一旦形成，如果只是影响美观倒也罢了，人们总是想尽各种方法来除垢，就是因为它还会给我们的生活带来麻烦，甚至造成危害。最明显的一点，你也许会发现，用新水壶烧水比用旧水壶要快些，这即是因为有水垢附在旧水壶内壁，使之不容易传热，结果浪费燃料。对于一个家庭来说，这样的浪费不算严重，但对于工厂来说，问题可就大了。比如北方冬季，工厂用来供暖供汽的大锅炉，每小时要输出好几吨蒸汽，相当于烧干几吨水，一天下来，产生的水垢数量相当惊人。这些水垢如同在锅炉壁的钢板和水之间筑起了一道隔热石墙，钢板壁挨不着水，炉膛的火又一个劲儿地把钢板烧得通红，这时候如果水垢出现裂缝，水立即渗漏至高温的钢板上，急剧蒸发，会造成锅炉内的压力猛增，甚至可能引起爆炸。毫不夸张地说，锅炉爆炸的威力绝不亚于一颗重磅炸弹。

由于水垢的主要成分碳酸钙和氢氧化镁都是碱性物质，所以去除时可利用"酸碱中和"的化学原理。在工厂里，通常是往水里加入适量碳酸钠（俗名苏打）；一般家庭则可使用食醋。食醋中含有醋酸，先用其浸泡水垢，然后在火上温热一下，就会看到密密麻麻的小气泡冒出，水垢逐渐被"消化"掉了。通常，白醋的除垢效果比米醋好，因为普通出售的白醋是36度的，即醋酸含量为36%，比米醋稍高一些。除此之外，还有一个小诀窍可以把水垢清除得更加干净，就是等到水壶烧到刚刚要干的时候，立即把它浸入凉水里。这是因为大多数水壶是铝制的，铝和水垢经过一热一冷的急剧变化，其热胀冷缩的程度各不相同，附在壶壁上的水垢便会碎裂，簌簌落下。

科学小常识

硬水与健康

据调查，我国北方人的平均寿命比南方人要短六年，这与北方的水质偏硬有着莫大的关系。长期饮用硬水，会引起结石病、消化不良等病症，对人体健康造成不利影响。没有适应硬水环境的人偶尔饮用硬水，还容易造成肠胃功能紊乱，这就是我们常说的"水土不服"。根据我国的规定，饮用水的硬度不得超过25°。

自来水的生产

> 烧茶煮饭、刷锅洗碗、早晚漱浴……我们的生活一天也离不开水。以前没有自来水，人们不得不从河边、井里一桶一桶地往家里挑。如今方便多了，只要一拧水龙头就行了。

自来水自来水，用着方便，来得可不容易。你知道自来水是怎样生产出来的吗？从原水进入工厂到流至千家万户，需要经过一系列复杂的处理过程。众所周知，由于自然因素和人为因素，原水里含有各种各样的杂质，这些杂质主要可分为悬浮物、胶体和溶解物三大类。要去除杂质，简单来说，一般有这么几个关键步骤：混凝反应处理—沉淀处理—过滤处理—滤后消毒处理。

矾花水：净化第一步

原水经过取水泵提升后，第一步要进行的是混凝反应处理。混凝反应即利用水处理剂生成化学凝结，以去除原水中的大颗粒悬浮物及不易沉淀的胶体。我们知道，水中的胶体物质通常都带有负电荷，胶体颗粒之间互相排斥，从而形成稳定的混合液。若水中存在带有相反电荷的电解质，就可以使胶体颗粒改变为呈电中性，并在分子引力作用下凝结成大颗粒下沉。这就需要加入水处理剂了。

现在常用的水处理剂有聚合氯化铝、硫酸铝、三氯化铁等，都属于无机金属盐类，遇水即电离出带正电的金属离子。以聚合氯化铝为例，根据铝元素的化学性质可知，当其被投入水中后，电离出大量铝离子；铝离子与水分子反应，生成氢氧化铝；通过水力、机械的剧烈搅拌，具有吸附作用的氢氧化铝能使水中产生一团团的大颗粒絮状凝结物。由于铝离子与水分子的反应是可逆的，所以絮状凝结物在加药之后会迅速形成。这样处理过的水，我们叫作"矾花水"。

矾花水是一个形象的说法，其中的"矾"指的是明矾。最早用作水处理剂的是明矾，它是一种含有结晶水的硫酸钾和硫酸铝的复盐，其产生絮状凝结物的原理同上所述。不过，后来研究发现，聚合氯化铝等在许多冷水混凝处理中的效果比明矾要好，用药量也比明矾少，所以逐渐替代了明矾。需要指出的是，无论是明矾还是其他铝盐，都可能存在铝元素超标的问题，过量的铝元素会使人的骨质变得松软，记忆力衰退，加速人体老化，甚至引发老年痴呆症。

复杂的吸附过滤

混凝阶段形成的絮状物从水中分离的过程称为"沉淀"。沉淀之后，就要进行下一步——过滤处理了。自来水的过滤，需要按顺序流经好几个过滤池，像煤滤池、木质活性炭滤池、煤质颗粒活性炭滤池、石英砂滤池、锰砂滤池，等等。虽然程序比较复杂，但原理都是差不多的，即通过有孔隙的粒状滤料的吸附作用来截留细小杂质。

拿我们最熟悉的活性炭来说明。活性炭有很大的表面积，炭粒却极细小，炭粒中还有更细小的孔隙——毛细管，因而具有很强的吸附力。吸附是一种物质附着在另一种物质表面的缓慢作用过程。影响吸附力的因素很多，其中重要的就是活性炭孔隙的大小，孔隙直径必须略大于杂质分子的直径，才能成功将后者"俘获"。

在自来水生产领域，最常用的是果壳活性炭，把硬木、果壳、骨头等放

在密闭的容器中烧成炭，再增加孔隙即可制成。这个过程其实包含了"碳化"和"活化"两个步骤。有机化合物在隔绝空气的条件下受热分解成碎片，构成新的稳定的微晶体结构，即为"碳化"。碳化的微晶体由碳原子以六角网格排列的片状结构堆积而成，在其边界上还附有一些残余的碳氢化合物；"活化"就是利用氧化剂，把剩下的碳氢原子烧掉，孔隙与孔隙之间被烧穿，因而也就变得更加细小了。

氯气杀菌消毒

水经过滤后，看上去已经很清澈透明了，但是仍然达不到生活用水的标准，因为其中还残留着很多肉眼看不到的细菌、病毒，所以还要进行杀菌消毒处理。目前，我国自来水厂一般采用氯气来消毒。氯气是一种能溶于水的黄绿色有毒气体，带有刺激性气味，吸入少量氯气，会刺激鼻腔和喉头黏膜，引起胸痛和咳嗽；而吸入较多氯气，则可能造成窒息死亡。有时候我们打开水龙头时，会闻到一股刺鼻的气味，这就是氯气了，如果长时间未排水，氯气就会聚集在水龙头的出水口处，所以要让自来水流一会儿，这部分水是不宜饮用的。

为什么要采用有毒的氯气呢？我们喝了这种水不会中毒吗？一般情况下，自来水中加入的氯气量极少，百万分之一的氯气就可以有效杀死水中绝大多数的致病菌了。只要严格遵守国家标准，加入的氯气会与水分子完全反应，生成其他物质，故可以认为自来水中是不含氯气的。反应的生成物是次氯酸和氯化氢，次氯酸是弱酸，氯化氢是强酸，两者都具有氧化性，而杀菌消毒靠的就是氧化性。氧化性能破坏细菌、病毒细胞中的酶系统，从而阻止其合成蛋白质而慢慢死亡。这就好比人的衰老过程，其实就是一个渐渐被氧化的过程，我们常说"抗氧化""延缓衰老"，道理是一样的。

当然，能杀菌的也能伤人，只是剂量大小的问题。即使伤不了人，也可能伤害其他耐受性差的生物，为什么直接用自来水养金鱼，金鱼会死掉，原因就在这里。次氯酸很不稳定，在光照条件下会分解成氯化氢和氧气；氯化氢的水溶液俗称"盐酸"，有腐蚀性。根据生理卫生常识，我们知道人的胃液中也含有少量盐酸，如果只是微量，其对健康的影响几乎可以忽略不计。不过为了保险，自来水最好还是烧开之后再喝，切勿生饮，因为氯化氢易挥发，烧开的水中基本是不含氯化氢的。

水火真的不相容吗

中国有句俗话叫作水火不相容,意思是说水与火是死对头。生活中,用水灭火也是常见的事实。哪里发生火灾,消防车就会朝哪里喷出大量的水柱来。

水为什么能灭火呢？这是因为当你把水浇到火上时,水将燃烧物产生的热量夺走了,从而使燃烧物的温度降低。在这个过程中,会有大量的水蒸气生成,水蒸气就像一条厚毯子覆盖在燃烧物上面,将燃烧物与空气隔绝。我们知道,燃烧是离不开氧气的,空气被隔绝,氧气减少,火自然也就灭了。不过,这只是一般情况,而在特殊情况下,水不仅不会灭火,甚至还会助火为虐。

水煤气让湿煤烧得更旺

在旧工厂或老虎灶的煤堆旁,工人师傅常常把煤堆浇得湿淋淋的,如果你问他们为什么浇水,他们准会告诉你——湿煤要比干煤烧得更旺。别不相信,在我们使用煤炉或煤气灶的时候,如果不小心将水洒到了火上,就会发现火不但没有小下去,反而猛地变成了一个火团向上蹿。这就是水助燃的例证了。

要追究水助燃的原因,其实并不复杂。炉灶中的煤被烧得通红,温度很高，这时如果加入少量的水，煤和水就会发生化学变化，生成水煤气。水煤气的主要成分是一氧化碳和氢气，我们知道，这两种物质都是燃烧的"能手"，在它们的帮助下，火势自然就更旺了。不过，需要注意的是，水量不能过多，否则还是会将火扑灭的。

浇水比浇油危险

你做过"用水点火"的实验吗？在酒精灯的灯芯里，放入一粒绿豆般大小、切除了表面的金属钾，然后用水一点，酒精灯马上就被点燃了。这是什么原因呢？金属钾遇水会发生剧烈的化学反应，生成氢氧化钾、氢气，同时放出大量的热。正是这股热使酒精燃烧起来。除了金属钾，金属钠也有同样的特性，所以当这一类金属物质燃烧时，往上面浇水要比火上浇油还危险。

科学实验证明：向液体燃料油中喷水，能够使油雾化，从而使火焰烧得更旺。至于掺入水的体积竟然比燃料油高出1/3。这是为什么呢？人们利用显微快速摄影技术进行研究，终于发现了其中的奥秘。原来，喷入的水溶于这些燃料油的微滴之中，当油滴燃烧时，水受热化为水蒸气，膨胀的水蒸气将油滴"炸"得粉碎，从而将油混合成了油气。这样一来，燃料油同空气中的氧气混合更充分了，燃烧自然也就进行得更迅速，火焰也就更旺了。

这项实验具有巨大的经济意义，人们按照类似的方法，可以使劣质的燃料油和废弃的石油得到充分利用，还可以将含有大量可燃性成分的污水补加适量的重油而作为燃料使用，甚至可以发电。这样既处理了污水，保护了环境，又增加了燃料的来源，真可谓是"一举多得"。

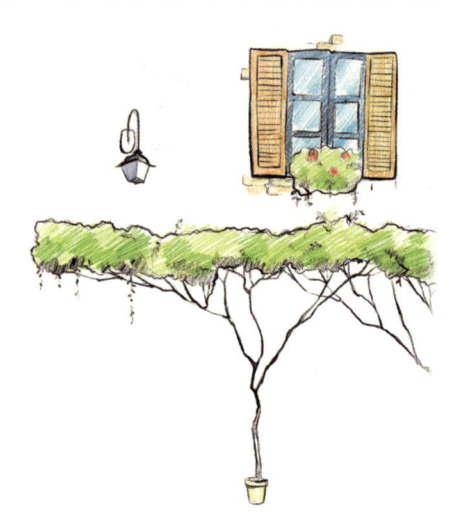

变身"烈性炸药"

在英国曾经发生过这样一件事情：有一天，英国一家炼铁厂的熔铁炉底部产生了裂缝，炽热的铁水顿时从裂缝中夺路而出。当温度高达一千摄氏度的铁水碰上炉旁一条流水沟里的水时，刹那间"轰"的一声巨响震天动地，整个炼铁厂都被掀翻了。为什么水会变身"烈性炸药"，产生如此大的爆炸威力呢？

一般情况下的水是很稳定的，但是如果遇到高温加热，便会产生前面所说的分解反应，生成可以燃烧的氢气和氧气。氢气和氧气混合在一起，就成了相当易爆的危险气体。当铁水流入水沟时，在极短的时间内产生了大量易爆气体，并且被铁水的高温点燃，所以轻而易举地炸毁了工厂。正是因为水遇高温后会产生氢氧混合气体的性质，所以钢铁厂里的铁水包在注入炽热的铁水与钢水之前，必须进行充分的干燥处理，不让包中留下一滴水，以防止爆炸事故的发生。我们在化学课上做"氢气燃烧"实验时也应该十分小心，如果氢气不纯，不小心在其中混入了氧气，那么我们就不是在点燃，而是在引爆了，轻则造成实验仪器受损，重则导致人受伤。

科学小常识

制取水煤气

水煤气在工业上一般作为燃料气的补充来源。制取水煤气的基本原理，与下面这个小实验相同：烧瓶中放入200毫升水；在另一燃烧管中放入粒状硬质煤块；实验开始时，先用小火匀热烧燃管，再用大火对煤块加热，使之变红。同时把烧瓶中的水煮沸，使水蒸气通过烧燃管。此时在另一端燃烧管口点燃，就有蓝色火焰出现。

微波炉不简单

> 在第二次世界大战期间，美国的雷声公司研制成了世界上第一台微波炉。经过人们不断改进，如今，微波炉已经走进了千家万户。

把一碗隔夜的米饭放入微波炉中，只要两三分钟，随着"叮"的一声响，打开微波炉，热腾腾的米饭就做好了。因为使用方便，微波炉深受现代家庭的欢迎。这个神奇的方盒子究竟是怎样加热食物的呢？为什么拿出来的米饭是热的，碗却是凉的呢？秘密都在微波上。微波是一种超短波长的电磁波，其波长介于1毫米至1米之间，它的能量比一般的无线电波要大得多。

水分子摩擦生热

在宇宙、自然界中，到处都存在微波，只不过，这些微波是分散的，所以不能加热食物。微波炉的原理，简单来说就是在内部形成一个集中的微波电磁场，通过微波电磁场的作用加热食物。

原来，微波炉里有一个电子管，叫作"磁控管"，接通电源后，磁控管就辐射出频率为2450兆赫的微波。这时，在微波炉里面便会形成微波电磁场。跟磁场一样，微波电磁场是有正、负极性的。而我们知道，水分子其实也是一种典型的极性分子。在化学上，分子可以划分成极性分子和非极性分子。

所谓"极性分子",指的是分子中正、负电荷中心不重合,因而整个分子的电荷分布是不均匀的。以极性键相结合的双原子一定是极性分子,水分子就是如此。一个水分子由一个氧原子和两个氢原子组成,两个氢原子分别以极性键与氧原子连接,这就使得氧原子最外层的电子还有两个没配对。这两个没配对的电子,对极性键产生强烈的排斥作用,因而使水分子的正、负电荷中心偏差很大。

当食物处于微波电磁场中时,食物中大量的极性水分子一头是正极,另一头是负极。就像磁铁"同性相斥,异性相吸"的原理一样,水分子的正极"跑"向电磁场的负极;水分子的负极"跑"向电磁场的正极。然而,微波电磁场的正、负极性是会变换的,"2450兆赫"也就是意味着正、负极每秒会变换2450兆次(即24.5亿次)。可以想象,水分子在电磁场极性的"牵引"下,一会儿向这头运动,一会儿向那头运动,每秒要运动几十亿次。这样带来什么结果呢?结果就是水分子在来来回回中因相互摩擦产生巨大的热量。这股热量足以在几秒或几分钟之内将食物蒸熟。

里外快速升温

加热食物,最简单的方法就是利用"热传导"原理了,比如把盛着食物的碗放入热水中。热量从热水中传导到碗壁上,然后使食物的外部、内部逐渐升温。要使食物内部达到一定温度,可想而知是需要花些时间的。这种加热方式称为"外部加热"。

而微波炉则与之不同。微波穿透至食物内部的本领很强,因为波长越短,频率越高,穿透的范围越大,微波是红外线波长的近千倍。当微波从食物表面进入内部后,首先是食物内部吸收能量,转化成了热能,然后再向食物外部传导。这种"体热源"的传导方式,不仅可以避免热量在经过其他介质(比如碗)时的损耗,而且物料内外加热均匀一致。所以,用微波炉加热食物是极其省时的。

食物是热的，碗是凉的

从微波炉里拿出食物时，我们会发现这样一个奇怪的现象：食物是热的，碗却是凉的，一点也不烫手。这是什么原因呢？这与碗的材质有关。在所有关于微波炉的安全使用说明中，都会强调一点——不得使用金属容器，包括铜、铁、铝以及不锈钢，等等。因为微波有一个非常重要的特性，那就是它无法穿透金属。当遇到金属时，微波会在金属表面发生反射，致使金属容器里的食物无法吸收能量。这样不仅会影响加热时间，更为严重的甚至可能引起炉内放电打火。所以，我们要切记使用玻璃、陶瓷、塑料等绝缘材料容器。微波可以轻易地穿透这些绝缘材料，而且几乎不会损耗能量，所以玻璃碗等也不会烫手了。

不透光的盒子——照相机

我们都照过相，照片给我们留下了生活的美好回忆。当照相机"咔嚓"一声、快门一开一合的时候，一系列的化学变化从此开始了。

1826年，法国印刷工人尼埃普斯将涂有沥青的金属板放在一个不透光的盒子里，镜头对着窗外。8小时后，他将金属板浸入薰衣草油中冲洗，终于得到了世界上第一幅能永久保留的感光照片。1900年，柯达公司推出普及型照相机白朗尼，至此，摄影真正普及于平民百姓。

白头发、黑脸膛

照相机的秘密都藏在胶卷上。胶卷上涂着薄薄的一层乳胶，里面均匀地布满了溴化银微粒。溴化银是一种淡黄色的卤化银（卤素与银形成的化合物），对光线非常敏感，当照相机的快门打开时，光线就会透过镜头，照射到胶卷上的溴化银微粒。这时，有一部分溴化银会迅速分解，生成黑色的银颗粒和溴。

我们说"银白银白"，银颗粒怎么会显出黑色呢？确实，大块的银都是白亮白亮的，像银奖牌、银奖杯、银项链，等等，但细微的银颗粒却是黑色的。物质的颜色与它的颗粒大小密切相关。银块之所以白亮，是由于它能反射部分吸收的光线，从而显示出互补光的颜色。而银颗粒表面分布不均匀，并且体积又太小，难以反射。把光线都吸收了，但不反射，自然就显示出黑色了。这和铁粉是黑色而铁块具有金属光泽是一个道理。

话说回来，拍完的胶卷不能马上见光，否则就报废了。过去的摄影室都有暗房，只有在暗房中才能取出胶卷，并把它放在药水中显影，这个过程即是化学反应的过程。显影液大多为碱性溶液，主要起还原作用，使溴化银以见光分解了的银颗粒为中心，生成更多的黑色银粒。显影以后，胶卷仍然不能见光，因为还有不少没有分解的溴化银，需要用其他药剂将之清洗下来，以免再次感光分解，这个过程称为"停影"。停影液是一种酸性溶液，它能够通过酸碱中和，快速清除残留的显影液，并与溴化银里的银离子结合，带着它一块儿溶解进水里。于是，没有感光的溴化银被清洗干净了；感光弱的溴化银也基本被洗掉了，所以呈浅色；而感光强的溴化银，由于已经发生了光化学反应洗不掉，所以呈深色。

那么，"白头发、黑脸膛"又是怎么回事呢？我们照相的时候，由于身体深色部分（比如黑色的头发）吸收光线的能力强，所以只有很少的反射光射入了胶卷，可想而知，深色部分在胶卷上对应位置分解的溴化银就少，即感光弱；反之，身体的浅色部分（比如手、脸皮肤）在胶卷上对应位置分解的溴化银多，即感光强。而在停影过程中，感光弱的部分基本被洗掉，呈浅色；

感光强的部分洗不掉，呈深色。这样一来，胶卷上便出现了黑白颠倒的效果。

画面变得多彩起来

黑白照相机是出现得最早的。既然能照出黑色、白色，自然也能照出红橙黄绿青蓝紫。为了让保留的画面变得多彩起来，人们继续深入研究。1861年，英国科学家詹姆斯·麦克斯韦拍摄出了世界上第一张彩色照片。

其实，彩色胶卷的感光剂并没有变，还是和原来一样的溴化银，只不过增加了三层感光涂层——一层感红，一层感蓝，一层感绿。红、蓝、绿是人的眼睛能够区分的"三原色"，人的眼睛具有三组不同的感色神经系统：一组的神经末梢只对红光敏感；第二组对绿光敏感；第三组对蓝光敏感。我们之所以能看到五彩斑斓的颜色，其实是这三种光线按不同比例刺激视觉神经的结果。举例来说，当我们看一朵牵牛花时，如果从花瓣上反射回来的光线等量刺激感红神经末梢和感蓝神经末梢，这时的颜色就是红色的；如果对感蓝神经末梢的刺激大于感红神经末梢，这时的颜色就是紫色、紫红或者紫蓝，等等，取决于刺激作用的大小比例；如果反射光线等量地刺激三组神经末梢，我们看到的颜色就是白色。同样的道理，当用彩色相机拍摄一朵红花时，反射光线对感蓝层和感红层的作用量大致相同；而拍摄一朵紫花时，反射光线对感蓝层的作用较大，对感红层的作用较小。总而言之，这三个涂层就好比光线使用的三支画笔，调配出五彩斑斓的颜色来。

不过，与黑白胶卷一样，彩色胶卷冲洗出来的颜色也是色调颠倒的：红花呈深蓝色、蓝天发黄光、绿叶变成品红。所以，彩色胶卷还需要经过正片翻照，颜色才能恢复正常。因此被称为负片。

人工制冷知多少

> 新式的冰激凌月饼，冰箱里一瓶瓶沁人心脾的冰饮，凉风习习的空调房……这些都是制冷技术带给人类的巨大福音。

众所周知，物质有固态、液态和气态三种形态，形态之间的转化，我们称之为"相变"。在相变过程中，物质无论是从固态到液态（比如冰成为水）、气态（冰变成水蒸气），还是直接从液态到气态（水变成水蒸气），都要从外界吸收热量。换句话说，也就是利用液体在低温下的蒸发过程及固体在低温下的融化或升华过程向被冷却物体吸收热量，这即是人工制冷的基本原理了。正因为如此，人工制冷又叫作"相变制冷"。

干冰降温又抑菌

最常用的人工制冷剂是"干冰"。实际上，它叫"冰"却不是冰，而是固态的二氧化碳。大家知道，常态下的二氧化碳是一种无色、无味的气体，自然存在于空气中。在室温下，当二氧化碳气体被加压到6000千帕（一个标准大气压为101.325千帕）左右时，由于分子的距离变小，彼此间作用力加大，其就会从气态变成液态；如果对液态二氧化碳继续加压，并降低温度，这时即会凝固生成雪花般的固态二氧化碳。干冰就是固态二氧化碳经过压缩后得到的。从外形上看，干冰和冰确实很相像，但它的温度比冰低得多，达到零下 78.5℃。更为重要的是，在一个标准大气压下，干冰受热后会直接升华成气体"销声匿迹"，所以周围仍旧是干干净净的，不会像冰融化后留下一滩水渍。也正是由于这个原因，储存干冰的容器不能体积太小、密封性能太好，否则，升华后的气体体积膨胀 1000 倍，容易发生爆炸。那么，干冰为什么能制冷呢？因为在升华的过程中，干冰从固态变成气态，需要获得能量以克服分子吸引力，而获得能量的方式便是从外部吸收大量的热。有试验数据表明，1 千克干冰变成 25℃的二氧化碳气体需要吸收 653 千焦的热量，所以会使周围的温度下降很多，这就是干冰的制冷原理。

在食品保鲜中，干冰常常被用来冷藏糕点、葡萄酒以及鲜鱼、鲜肉等，因为它不仅是良好、清洁的制冷剂，还能起到防腐抑菌的作用。尤其是对于鲜鱼、鲜肉而言，干冰将车厢温度降到冰点以下，鱼肉中的水分凝固成冰晶体，冰晶体能破坏引起腐败的微生物细胞的新陈代谢，使其分泌的酶的活性下降，从而减慢腐败的速度。另外，干冰升华后产生的二氧化碳气体还能较好地抑制微生物的繁殖。

氟利昂惹祸

在一些老式冰箱、空调的铭牌上，我们时常会看到 CFC12、R12、F12 等标志，这表示冰箱、空调的制冷剂中含有氟利昂——几种氟氯甲烷和氟氯乙烷的总称。

作为制冷剂的氟利昂都是液态的，被储存在电器设备的专用容器中。以冰箱为例，和大多数人的感觉不同，它并不是"制造冷气的机器"，而是一种吸收食品中热量的装置，简而言之，就是利用氟利昂，将食品中的热量"抽取"出来，并转移到冰箱外面。当冰箱开始运转时，电动机带动压缩机工作，将氟利昂压缩成高温高压（约为十几个标准大气压）的蒸汽。这些高温高压的氟利昂蒸汽离开压缩机，被送往冷凝器。冷凝器是一种被多次弯曲的管子，被称为"蛇形管"，一般安装在冰箱背后。由于进入蛇形管的氟利昂蒸汽温度比室温高，热量便通过蛇形管向外散发。这样一来，氟利昂蒸汽的温度降低，从气态变回了液态。随后，液态氟利昂流向与冰箱内部接触的蒸发器。由于蒸发器比蛇形管更加细，所以氟利昂的流动速度加快，随之而来的是压力骤然下降，导致氟利昂剧烈蒸发，又从液态变成气态。伴随这一过程的是冰箱中的食品热量被吸收，温度降低。

自20世纪20年代被合成以来，氟利昂因为化学性质稳定，具有不燃、低毒、易液化等特性，曾一度被广泛用作冰箱、空调的制冷剂。但是从2010年后，我国开始全面禁止使用氟利昂，这是因为氟利昂有一个致命的缺点——它会严重消耗臭氧层。20世纪80年代，美国加州有两位学者率先指出，氟氯烃（商用标志"CFC"）在紫外线的作用下会释放出氯原子，氯原子与臭氧发生自由基链反应，一个氯原子可以消耗掉上万个臭氧分子，从而影响臭氧分子对紫外线的吸收，导致过量的紫外线到达地球表面，直接影响到人类和其他生物的生存。特别需要指出的是，氟氯烃的化学性质非常稳定，到达平流层后可以停留 40~150 年，因而会对臭氧层造成长久的破坏。目前，科学家已经在地球两极的上空发现了臭氧层空洞，因此，禁用氟利昂是保护地球环境的必然举措。在家电制冷行业，氟利昂也逐渐被其他类型的制冷剂所替代，比如标识为 R600a、R134a、R152a 的冰箱、空调，都是无氟环保的新一代产品。

长眠在液氮中

人工制冷除了被用于食品保鲜，还在医学领域发挥着重要作用，比如液氮冷冻治疗。在正常大气压下，当温度低于零下 196℃时，如果对氮气加压，就会得到液氮。液氮汽化时大量吸热，能使温度迅速下降至极度冷冻状态，而液氮冷冻治疗就是通过极度冷冻状态，将病区内的细胞迅速杀死，以使病区恢复正常，一般用来治疗瘊子、鸡眼以及皮肤病等。

在国外，近些年来还兴起了一股"遗体冷冻"的风潮。英国有媒体报道，娱乐界名人西蒙·考威尔投入 12 万英镑签署了一项遗体冷冻协议。根据协议，考威尔将戴上一个写有"移动救援"冷冻专家组电话号码的手环，一旦他接近死亡，专家组就会迅速抵达现场，把防腐化学物质注入其体内，然后用液氮将其身体冷冻，在医学科技发展到能使其苏醒过来之前，确保其身体保存完好。数个世纪以来，"死而复生"一直都是人类的理想，液氮究竟能不能帮助人类实现这一理想呢？冷冻学家表示，用液氮冷冻生物组织可能造成许多伤害，重要原因在于水凝固时会扩张。我们的身体和细胞 80% 是水，如果水变成冰晶，很可能刺穿和粉碎细胞壁。因此，在目前的遗体冷冻过程中，还使用了在人体组织内不会形成固态晶体的化学物质，以把伤害降到最小。

体温计里的"爬高者"

在我们的日常生活中,需要测量温度的时候很多,于是有了各种各样的温度计。体温计就是其中的一种,它是专门用来测量人的体温的。

体温计与其他温度计有着很多不同,最明显的一点:它的刻度并不是从0℃开始计算的,而是从35℃到42℃,每个小格代表0.1℃。这是因为人的体温最高不超过42℃,最低不低于35℃。另外,其他温度计采用的计量液体可以是酒精、煤油等,而体温计只能是汞。这又是为什么呢?

水银是液态金属

如果你对"汞"这个名字感到陌生的话,那么它的另一个名字肯定会让你觉得耳熟些——水银。关于水银的得名,明朝李时珍曾在《本草纲目》中记载:"其状如水,似银,故名水银。"有些人可能不太清楚,水银是唯一在常温下呈液态并易流动的金属,其质感犹如果冻。当把水银加热至沸点以上时,它会变成气体;而在非常冷的温度下,它则会变成固体。话说回来,像金、银、铜、铁等金属,在常温下都是固体,为什么水银例外呢?

在金属元素中,只有水银的原子之间的结合非常弱。原子之间结合的强弱取决于每个原子中的电子结构,原子以原子核为中心,而电子则从接近原

子核的轨道开始，按其规定数有序地独立运动。一般的金属元素，当位于轨道最外侧的电子脱离原子后，会被其他相关的原子所共有，这就是金属结合。很强的金属结合通常产生于最外侧轨道上的电子呈半满状态时，因为这时的电子最容易从其轨道上飞出，而从周围相关原子中飞出的电子也最容易潜入轨道。再来看看水银的电子结构。水银最外侧的轨道上，电子处于饱和状态，这就意味着即使有别的电子飞出，也没有多余的轨道位置承接它，因此一个电子也进不来。没有了电子共有，金属结合自然就非常弱了，表现在外部形态上，水银即呈液态。

俗话说"塞翁失马，焉知非福"，作为液态金属，水银也自有它的优势。我们知道，体温计的基本原理是"热胀冷缩"，既然水银属于金属，它的热传导性能自然比酒精、煤油等液体更好，能够满足体温计精确到0.1℃的要求；另外，金属的热膨胀效应稳定，温度变形较大，所以测出的数值也更加准确可靠。

"上得去，下不来"

我们知道，使用体温计前应该使劲地甩几下，目的是让里面的水银回到刻度线以下，否则会影响测量的准确性。为什么体温计里的水银自己"上得去"却"下不来"呢？先来解释"上得去"的原因。在体温计的下端，有一个专门装水银的玻璃泡，玻璃泡之上是极细的玻璃管，两者之间以一个狭窄的曲颈相连，称为"缩口"。测量体温时，玻璃泡里的水银受热膨胀，通过缩口进入细玻璃管中。当玻璃泡与体温达到热平衡时，水银柱也就恒定了。

不过，读取数值需要将体温计拿离人体。按道理，玻璃泡离开人体，温度降低，水银柱也应该下降，但实际情况则不是这样，水银柱还是停留在之前的位置，丝毫没有下来的意思，除非使劲甩。这是由于水银的另一个特性——内聚力大。内聚力，可以简单理解为"黏度"，水银的黏度比酒精、煤油等大，一遇冷即会体积收缩，且收缩的幅度较大，以至在缩口处断开，

从而实现离开人体读数。之所以要使劲甩，则利用的是惯性作用。

汞珠无孔不入

我国有句俗语"水银泻地，无孔不入"，用来比喻人四处钻营，利用一切机会。如果真的不小心摔碎了体温计，里面的水银泄露到地面，会出现什么现象呢？会形成很多小汞珠，滚落到床底、墙角、柜橱等各种缝隙中，极难清除。这种近似球状的液珠是在水银的强表面张力和与地面的弱润湿作用下形成的。所谓"表面张力"，是由于液体表层分子间的相互作用力不同于液体内部而产生的，比如水滴，就是表、里水分子相互作用的结果。在水银内部，作用于分子上的合力为零；但表面分子的合力不为零，从而表现出一种收缩拉紧的趋势。

水银有毒，而且极易蒸发！

润湿现象也是分子受力的表现。当液体（即水银）与固体（即地面）接触时，其分子一方面受液体内部分子的作用，另一方面则受固体分子的作用，根据二者的性质表现为"润湿"或"不润湿"。水银对许多固体都是不润湿的，即没有"亲和力"，从而使得水银表面不可能扩展开来而形成近似球状。

水银在常温下很容易蒸发（0℃时即可蒸发），气温愈高，蒸发速度愈快。有数据资料显示，温度每上升10℃，水银的蒸发速度约会增加1.2~1.5倍。所以，落到地面的小汞珠很快便会消失，变成蒸汽挥发到空气中。这样一来，麻烦可就大了：地面、墙壁以及天花板的表面都可能吸附汞蒸气，一旦汞蒸汽通过呼吸道被吸收进血液，就会引发中毒现象。

它让制帽工匠发了疯

说起汞中毒，英语中有这样一句谚语：As mad as a hatter。意思是"像制帽工匠一样疯疯癫癫的"。其实，这句谚语反映的是一个历史事实。在300年前，制帽工匠确实常常发疯，而且疯的程度相当严重。引起他们发疯的原因就是汞中毒。过去，染制做帽子的皮料常常会用到硝酸汞溶液，制帽工匠们终日不停地从硝酸汞溶液中捞取皮料，长此以往，他们的鼻子、口腔、皮肤中都吸入了大量的汞。在汞中毒的前期，工匠们只是觉得精神恍惚，就像没睡好一样；继而，他们的嘴里会产生一股怪味，如同刚刚含过铜勺子；再后来，手脚都不听使唤了，连汤匙都拿不稳，走路摇摇晃晃，说话口吃，并且动辄发火，变成了爱吵架的"火药桶"。这就是"帽工震颤症"，如今翻阅英汉大词典，还能找到这个历史词语。

现代医学研究发现，汞蒸气极易透过肺泡壁含脂质的细胞膜，与血液中的脂质结合，然后散布至全身各组织。人体内的汞以离子形式存在，汞离子可以与蛋白质巯基结合，使与巯基有关的细胞色素失去活性，阻碍细胞的正常代谢，最终导致细胞变性和坏死。目前，关于汞的毒理学作用，尚在进一步研究之中。

口腔里的化学卫士

> 谁都想要一口健康洁白的牙齿，但是如果不好好保护，我们的牙齿就会出现各种问题。正因为如此，人们才发明了不同功效的牙膏。

西周《礼记》中记载"鸡初鸣，咸盥漱"，古人为了保持口腔清洁，在使用各种工具揩齿刷牙的同时，也会配以洁牙剂。最早的洁牙剂是食盐；宋代出现了"牙粉行"，专门出售中药配制的牙粉；20世纪初，我国开始工业化生产牙粉，当时的牙粉主要以碳酸钙、滑石粉等为原料。牙膏就是在牙粉的基础上改进形成的，不同成分的牙膏对于牙齿的保护各不相同。

含氟牙膏：蛀牙的克星

先来说说牙齿可能碰到的第一个大问题：蛀牙。在公元前5000年，生活在现在伊拉克一带的闪族人就已经注意到这种口腔疾病了。由于蛀牙上的小洞看上去和被虫蚁啃噬过的木材类似，所以他们推断：牙齿里有一种叫作"牙虫"的蛀虫。"蛀牙"这个名称就是如此来的。

闪族人不断尝试从牙齿里找出这种虫子，不过很显然，这样的努力不会有任何成果。今天我们已经知道，导致蛀牙的不是"牙虫"，而是细菌，蛀牙在医学上也有了一个新名称——龋齿。20世纪50年代初，一些流行病研

究指出，氟化物具有阻止龋齿的作用，很快，含氟牙膏应运而生。

含氟牙膏为何能预防龋齿？这首先要从龋齿的产生说起。以变形链球菌为主的几种细菌寄生在我们的口腔中，靠分解口腔中的糖分为生。小孩子之所以更容易患龋齿，就在于其对饮料、糖果等含糖高的食品的偏爱。糖分经过细菌的代谢，会转变成有机酸，这些有机酸能够透过牙釉质（牙齿最外层的钙化组织），使牙齿中的矿物质——羟（基）磷灰石溶解，以致形成一个个小洞。同时，细菌还会在牙齿表面形成一层黏附膜——菌斑，在菌斑的作用下，有机酸可以长时间地与牙齿密切接触，从而导致洞越来越大或者越来越多。

那么，含氟牙膏是怎么起作用的呢？羟（基）磷灰石溶解后，生成磷酸氢根离子和钙离子，向牙齿外扩散，最终被唾液冲走。而氟离子通过吸附或离子交换的过程，能够与羟（基）磷灰石反应，取代羟（基）磷灰石中的羟基，使之转化成氟磷灰石，在牙齿表面形成坚硬的保护层，提高抗酸腐蚀性。

不过，含氟牙膏并非人人适宜。专家指出，6岁以下儿童使用含氟牙膏存在较大风险，因为氟毕竟是一种有毒物质，过量的氟不但造成牙齿单薄，更降低骨头的硬度，所以要慎重选择。

去垢的秘密

含氟牙膏预防龋齿的成功，促使人们对牙膏的研究焦点向其他口腔问题转移，比如如何去除牙齿表面的牙垢。据美国国立牙病防治研究所统计，34%左右的学龄儿童和半数以上的成年人都有牙垢。目前，去除牙垢最有效的方法依旧是机械刮除，但这种方法既费事又疼痛，甚至对牙釉质造成严重损害。有没有什么化学成分能够阻止牙垢形成呢？

牙垢的主要成分是二水合磷酸钙。要从根本上阻止牙垢形成，换句话说，也就是要防止磷酸钙在牙齿上沉积。不过令人惊奇的是，尽管人的许多体液，比如血液、唾液等，都含有磷酸钙，但它只在口腔中沉积，至于原因，现在尚不清楚。有科学家推测，可能是体液中含有一种天然的阻抑剂。20世纪60年代初，有研究表明，焦磷酸盐能够阻抑磷酸钙晶体生长，但其会被口腔细菌所分泌的碱金属磷酸酶分解，酶的活性越强，形成牙垢的倾向也越强。于是，研究焦点又转移到了寻找有效的碱金属磷酸酶抑制剂上。直到近些年，一种由乙烯甲醚和马来酸组成的共聚物抑制剂才被开发出来。随后，含有共聚物抑制剂、焦磷酸盐和氟化物成分的去垢牙膏也面世了。

临床研究表明，使用去垢牙膏3个月后，能够减少30%~50%的牙垢。我们知道，牙垢的化学成分与牙齿相似，因此不能简单地用化学方法溶解，否则牙齿也不见了。去垢牙膏的原理是这样的：当唾液中的钙离子和磷酸盐离子到达牙齿表面的菌斑时，会生成一个牙垢的晶种；这个晶种跟着牙齿一块发育，在牙齿的羟（基）磷灰石形成成熟晶体之前，可以长到50纳米的临界尺寸。而去垢牙膏中的化学成分可以"攻击"晶种，使晶种溶解，将磷酸钙回收。

什么成分能美白

牙膏化学的另一个突破是开发了用于改善牙齿外观的产品。有不少人都会为自己的一口黄牙发愁，其实，牙齿发黄不都是病态。把牙齿剖开来看，纵断面有三层组织，最外面的牙釉质是半透明的，可以显出牙齿本来的颜色。因为每个人牙齿的钙化程度不同，有的人牙齿呈乳白色，有的人则是淡黄色，这是健康的。但也有不健康的，比如因服药或牙齿受伤导致的着色。四环素牙是药物因素引起牙齿发黄的典型，其病因在于服用了较多的四环素族药物，致使四环素成分深入牙组织内部。这种牙齿初呈黄色，在阳光的促进作用下会逐渐变深至褐色或深灰色。而四环素作为一种廉价的抗生素，20世纪六七十年代在我国应用极为广泛。另外，如果牙齿受伤，造成牙髓出血后，由于毛细作用，血液进入牙组织内继而分解，血红蛋白被氧化变性，生成高价铁，也会致使牙齿呈棕褐色。

最常用的对付黄牙的化学物质是过氧化氢（俗称"双氧水"）。过氧化氢穿透牙釉质后，可以分解为水分子和活性氧。当暴露的变性血红蛋白遇上活性氧，便会生成氧合血红蛋白，然后将色素置换成浅色的简单化合物，其余分解成水而释出。这就是牙齿漂白的原理。然而，过氧化氢会破坏牙齿结构，使之过敏。为此，美白牙膏中除了含有过氧化氢成分外，通常还要添加其他成分：表面活性剂、磨蚀剂和含焦磷酸盐之类的螯合剂。这样一来，表面活性剂利于过氧化氢穿透牙体；过氧化氢溶解牙齿内部色素；含钙质的磨蚀剂能防止牙齿受损；焦磷酸盐又能防止斑渍再次在牙齿上沉积。整个美白过程就完美无缺了。

神奇的玻璃

> 3000多年前，一艘满载着天然苏打块的腓尼基商船在地中海沿岸搁浅，船员们在沙滩上架起了大锅做饭。他们怎么也没想到，随手用来架锅的苏打块竟然变成了亮晶晶的玻璃。

天然苏打块与沙滩上的石英砂，在高温作用下发生化学反应，生成的晶体就是玻璃。聪明的腓尼基人受到启示，把苏打块与石英砂放进特制的炉子里熔化，制成玻璃球卖往世界各地，因此发了一笔横财。大约4世纪，罗马人开始把玻璃应用在门窗上。到1291年，意大利的玻璃制造技术已经非常发达，为了不把技术泄露出去，所有的玻璃匠都被送到一个与世隔绝的孤岛上工作。1688年，一位名叫纳夫的人发明了制作大块玻璃的工艺，从此，玻璃才成为普通物品。

熔化成玻璃水

高楼大厦的玻璃门窗、墙上挂着的玻璃镜框、插着鲜花的玻璃花瓶、喝水用的玻璃杯……如今在我们的日常生活中，各种各样的玻璃随处可见。你知道玻璃是怎样制造出来的吗？这里有一个相关的谜语："看看没有，摸摸倒有；似冰不化，似水不流。"前两句明白易懂，无须解释，而后两句说的，则是在制作过程中处于熔融状态的玻璃水。

我们知道，一般玻璃的主要成分是二氧化硅。从微观上看，二氧化硅晶体是由硅原子和氧原子按照1:2的比例组成的立体网状结构，它的化学性质不活泼，不容易与水和大部分酸发生反应，所以也赋予了玻璃耐热、抗腐蚀等稳定的特性。在现代工业生产中，二氧化硅的引用原料是砂岩、石英岩。除此之外，常常还要加入硼砂、纯碱等，使玻璃获得某种必要的性质或加速其熔制。比如，硼砂中的三氧化二硼在温度较高时能降低玻璃黏度，温度较低时提高玻璃黏度；而纯碱（即碳酸钠）中的氧化钠则可以降低熔融温度。这些原料经过混合，在1500摄氏度到1700摄氏度的高温下即会熔化成玻璃水，然后根据需要冷却定型，或吹制成玻璃瓶等。

高温不环保

虽然人们早已掌握了制作玻璃的方法，但是对玻璃在熔化过程中几种化学成分的反应原理并不十分清楚，一直只是凭经验将温度保持在1500摄氏度以上，若是想熔制出几乎没有瑕疵的玻璃，则要尽可能地减少气泡和颗粒结晶残留，这个过程就需要进一步把温度提高到1700摄氏度。如此高的温度，毫无疑问会消耗很多能源，非常不利于环保。有统计数据显示，2005年全球玻璃制造业所消耗的能源高达86.5太瓦时（1千瓦=1度，1太瓦时相当于106亿千瓦时）。那么，能不能在低温环境中制造出节能环保的玻璃呢？这是一个尚待研究且意义重大的新课题。

法国科学家曾做过这方面的初步尝试，他们按照普通玻璃的制作过程，将所需原料混合后逐步加热，看看这些原料在哪个温度范围内开始熔化。当然，这个过程是无法用肉眼观察的，科学家借助了最先进的X射线微断层成像技术。结果发现，在750摄氏度到930摄氏度的温度范围内，化学成分已经开始熔化形成玻璃水，这意味着，制造玻璃或许用不着上千摄氏度的高温。也许在不久的将来，低温制造玻璃的方法很快就诞生了。

什么让它变"坚强"

在以往人们的印象中,玻璃都是易碎的,所以我们常用"玻璃人"来比喻身心脆弱的人,用"玻璃心"来比喻容易受到伤害的心灵。但是随着生产工艺的进步,旧的观念也该更新换代了,越来越多的玻璃变得"坚强"起来,诸如钢化玻璃、防弹玻璃一类的新名词不断涌现。

钢化玻璃,顾名思义,其坚强程度堪比钢铁。玻璃是不良导热体,制品成型后,表层与内层在降温过程中产生温差,首先是表层凝固、内层呈黏滞状,温差存在而应力松弛;随着温度降至室温,内层继续收缩,受到成型表层的阻碍而产生应力,这种应力会永久存在。玻璃制品的各部位,由于永久应力的大小和分布并不一致,常常影响到玻璃的强度,有时甚至因应力集中而自行破裂。所以,通常在制造玻璃的过程中,还有一道特殊的工序——退火。退火就是将玻璃加热或在热成型后保持到退火温度,使原有应力得到松弛和消除,然后缓慢地冷却到应变温度以下。这样一来,待玻璃完全进入刚性状态以后,内外层温差只会产生暂时应力。钢化玻璃的原理则正好与之相反:不是退火消除应力,而是淬火造成应力。所谓"淬火",就是将玻璃加热到接近软化温度后,立即用空气或油等冷却介质骤冷,以在玻璃表层产生均匀的永久应力,这一应力可以抵消外力作用于玻璃所引起破坏性张力,从而使玻璃的强度提高4~5倍。

防弹玻璃与钢化玻璃不同,它是在普通玻璃层之中夹上了一层聚碳酸酯材料,称为"层压"。聚碳酸酯其

实是一种硬性透明的塑料，人们通常用其品牌，比如莱克桑，来称呼它。防弹玻璃的厚度一般在7毫米到75毫米，射在防弹玻璃上的子弹会将外层的玻璃击穿，但聚碳酸酯材料能够吸收子弹的能量，从而阻止它穿透玻璃内层。如果遇上爆炸，聚碳酸酯材料也可以吸收爆炸过程中所产生的部分能量和冲击波，即使被震碎，也不会四散飞溅。在第二次世界大战期间，大块的防弹玻璃已经派上用场，它们有的甚至厚达10厘米，十分重。

一面看得见，一面看不见

在电视剧中，我们还会见到另一种神奇的玻璃：证人从审讯室的窗口辨认犯罪嫌疑人，犯罪嫌疑人却看不见窗外的证人。这就是单面玻璃在发挥作用了。

从外观上看，单面玻璃与普通玻璃没什么两样，然而前者只有一面看得见，另一面则看不见，也就是说，能产生单面反光的效果。这是什么原因呢？我们可以拿单面玻璃与镜子作比较。大家都知道，镜子的背面镀了一层金属膜（通常是铝膜，也有银膜），用以反射光线，所以站在镜子背面是看不到的。单面玻璃也一样镀金属膜。单面透视镜具有一层非常稀薄的反射镀层——"半镀银面"。单面透视镜的反射镀层只使用了制作普通镜子所需分子数量的一半，反射分子均匀地分散在镜片的表面，形成一层稀疏的薄膜，镜片只有一半的面积被该薄膜覆盖。因此称其为"半镀银面"。半镀银面可以反射大约一半到达其表面的光线，而让另一半光线直接透过。 在实际使用时，犯罪嫌疑人会面向单面玻璃，而且身处有强光的房间。因为光线充足，反射的光线也较多，犯罪嫌疑人便会从单面玻璃中看见自己的影像。此时，证人所站的另一面，由于光线很微弱，所以犯罪嫌疑人看不到。这种情形就好像在街灯的强光下我们看不见萤火虫一样，因为来自萤火虫的微弱光线被街灯的强光所盖过了。

华彩霓虹灯

> 自1910年问世以来，霓虹灯作为城市的美容师，一直经久不衰。每当夜幕降临，华灯初上时，五颜六色的霓虹灯就像一道道人造彩虹，把城市装扮得格外美丽。

在地球上，我们所见的一切东西都是由元素化合而成的。从微观的角度来看，当一个原子向另一个原子转移电子或者与另一个原子共享电子时，它们便相互化合了。但是，自然界有些元素显然不大愿意参与化合，比如氦气、氖气、氩气、氙气、氡气等，它们被称为"惰性气体"，列在元素周期表上最右侧的位置（从左向右活性依次降低）。

惰性气体导电

为什么要提到惰性气体呢？因为它们是制造霓虹灯的关键材料。霓虹灯与白炽灯完全不同，它不是靠加热金属丝来发光的，而是通过惰性气体导电来实现的。气体也能导电吗？在一般状态下是不能的，像空气就是很好的绝缘物质，但如果有外在电压作用，那么情况就不同了。比如，灯管中充满着空气，当灯管两端的电极产生电压时，总有或多或少的空气分子被电离成电子和离子。电压迫使这些电子和离子各向阳极、阴极运动，电流也就产生了。这种使气体由不导电变为导电的过程，称为"气体击穿"。

霓虹灯即利用了"气体击穿"的原理。具体来说，在霓虹灯密闭的玻璃管内，填充有氦气、氖气、氩气等惰性气体。惰性气体的分子是由单个原子构成的，原子中的电子分布非常匀称，这也是惰性气体化学性质稳定的原因所在。要想改变电子的位置，就必须输入很大的外在能量。所以，在霓虹灯管的两端装有正、负两个电极，当在两个电极上输出强电压时，气体分子急剧游离，激发电子加速运动，使管内气体导电，发出彩色的光辉。

绚烂的冷光

霓虹灯的光色，主要是由充入惰性气体的光谱特性所决定的，比如氦气能发出黄色光、氖气能发出红色光、氩气能发出蓝色光、氙气能发出白色光、氪气能发出深蓝色光……有的霓虹灯管中充入的是氦气、氖气、氩气等多种气体的混合物，由于各种气体的相对含量不同，便得到了五光十色的效果。随着生产工艺的进步，现在制造的霓虹灯更加精致，不仅使用彩色的玻璃管，还在管内壁涂上荧光粉，使发出的光色更加明亮。

与其他电光源相比，霓虹灯还有一个显著的特点，那就是它属于冷光源。冷光源是相对于热光源而言的，两者最大的区别在于发光时的温度不同。后者是利用热能激发的光源，像最常见的白炽灯，必须把钨丝烧到高温才能发光，所以照亮一段时间后，用手摸灯罩会有热烫的感觉。自然界中最常见的冷光源，如萤火虫发出的光，是利用化学能激发的；而霓虹灯则是利用电能激发的。那么，冷光源有什么好处呢？拿霓虹灯来举例，它发光时不发热，避免了大量的电能像白炽灯一样，以热能的形式被消耗掉。因此，用同样多的电能，霓虹灯具有更高的亮度，所以即使在雨天或雾天仍能保持较好的视觉效果。另外，霓虹灯还具有避

免脱离与热量积累相关的一系列优势，比如由于灯管温度低，它能够置于日晒雨淋的露天环境中；耗电量低，使用寿命更长等。在连续工作不断电的情况下，霓虹灯的寿命达1万小时以上，这一优势是其他任何电光源都难以达到的。

一闪一闪有原因

夜幕下的霓虹灯不仅色彩斑斓，更有着令人难以忘怀的动态美：它犹如一幅幅流动的画面，似天上的彩虹，如人间的银河，把真实的城市点缀成一个梦幻的世界。

其实，霓虹灯之所以会一闪一闪地"动"，是因为灯管的两极上装有电容器。简单来说，电容器是一种储存电荷的电子元器件，具有充电和放电的功能。当把电容器接在霓虹灯的正、负两极上时，由于电容器会充电和放电（通过一定的电路控制），所以霓虹灯也会时灭时亮——充电时灭，放电时亮。这一灭一亮，在我们看来就是一闪一闪的了。一般而言，电容器的电容越大，霓虹灯亮灭循环的时间越长；反之，电容器的电容越小，则霓虹灯亮灭循环的时间也越短。

科学小常识

拉姆赛——打开霓虹世界的大门

霓虹灯是英国化学家拉姆赛在一次实验中偶然发现的。那是1898年6月的一个夜晚，拉姆赛和他的助手正在进行实验，目的是检查一种惰性气体是否导电。拉姆赛把一种惰性气体注射进真空玻璃管里，然后将真空玻璃管的两个金属电极连通高压电源。突然，一个意外的现象发生了：真空玻璃管里的惰性气体不但开始导电，而且发出了极其美丽的红光。至此，霓虹世界的大门向人们敞开了。

绽放天空的烟花

2008年,北京奥运会开幕式上的烟花给全世界留下了深刻的印象:29个巨大的"脚印"沿中轴线一路"走"向"鸟巢",2008张"笑脸"在"鸟巢"上空嫣然绽放。

烟花,在我国古代又叫作"花炮",距今已有1300多年的历史。据《中国实业志》记载,"中国花炮之制造,始于唐,盛于宋",自清代以来,使用更加普遍,烟花的品种、颜色日趋丰富,燃放技术也逐步提高。像2008年北京奥运会开幕式上的烟花,在传统基础上还采用了先进的电脑控制技术,可以说是古老文明与现代科技共同缔造的完美结果。

从黑火药说起

烟花要在天空绽放,才能展示出耀眼的美丽。它是怎样飞上天的呢?借助的是什么力量呢?这首先要从烟花的基本原料——黑火药说起。黑火药为我国古代四大发明(其余三项是指南针、造纸术、印刷术)之一,是方术道士在炼制丹药的过程中逐步被发现的,最初主要用于医药,从其名称中的"药"字即可见一斑。黑火药的成分千余年来几乎没有变化:75%的硝石、15%的木炭和10%的硫黄。硝石是一种天然矿物,主要含有硝酸钾。当黑火药被点燃,硝酸钾即会分解放出的氧气,促使木炭和硫黄剧烈燃烧,瞬间产生大量的热和氮气、二氧化碳等气体。气体受热，体积迅速膨胀，如果局限于有限空间里，伴随着压力猛烈增大，爆炸也就发生了。据测算，大约每4克黑火药燃烧，可产生280升气体，体积膨胀近万倍。爆炸同时，还会生成硫化钾等固体微粒，这些微粒混合在气体中，形成一股股浓重的黑烟，黑火药便因此得名。

烟花飞上天，主要是借助了黑火药爆炸时释放出的气体的巨大推进力。在现代烟花生产过程中，为了能使烟花飞得更高、更远一些，一般还要添加推进药。点燃烟花时，主引线会同时引燃内部的两根次级引线，一根向核心部分的黑火药燃烧，引起爆炸；另一根的作用则是引燃推进药了。

很多时候，我们看到的烟花并不是一"爆"而止的，而是一次次连续不断绽放的。这又是如何做到的呢？仔细观察烟花就会发现，通常都是由一排排的厚纸筒组成的，厚纸筒中，可以根据需要分成几个隔间来储存黑火药。当烟花快升至顶点时，控制引线燃烧的程度，使其保持在减弱但足够点燃一个隔间的黑火药的状态，这就形成了一次爆炸。一次爆炸后，引线持续燃烧，并以相同方式点燃其他隔间的黑火药，由此便有了二次、三次等连续不断的绽放。道理虽然很简单，但实际操作是比较复杂的，涉及到对燃烧时间的精确计算、黑火药剂量的准确控制等很多方面，所以，烟花制造有着十分严格的行业标准。

五颜六色的配角

如果说黑火药是制造烟花的主角，那么各种发光剂、发色剂则充当着重要的配角——它们是烟花五颜六色秘密的所在。发光剂是金属镁或金属铝的粉末，当这些金属粉末燃烧时，会发出白炽的强光；而发色剂是一些金属化合物，由于含有不同的金属离子，所以在燃烧时会发出不同的火焰颜色。

金属或金属离子在火焰中灼烧，发出特有的颜色，这在化学上叫作"焰色反应"。焰色反应的原理是：在温度极高的情况下，金属原子或离子中的

电子吸收能量而被激发，跃迁到外层轨道上运动。但是这种状态并不能持续多久，最终由于不稳定性，电子又会重新回到原来的轨道，并释放出一定能量、一定波长的电磁波。如果电磁波的波长是在可见光波长范围内的，那么就会在火焰中呈现出这种金属元素的特征颜色。

比如，砖红色火焰代表钙元素（硝酸钙、碳酸钙燃烧可得）；金黄色火焰代表钠元素（氯化钠、硫酸钠燃烧可得）；黄绿色火焰代表钡元素（氯化钡、氧化钡燃烧可得）；浅蓝色火焰代表铜元素（氯化铜燃烧可得），等等。还有些焰色是利用光谱色混合的规律创造出来的，比如红色和黄色可配成橙色、红色和蓝色可配成紫色，等等。

焰色反应虽然能带来璀璨，但是有一个前提条件，那就是需要高温。一般的金属可燃物燃烧都能达到这样的温度需求，比如铝、镁等。铝燃烧时，放出的热量甚至可以将铁熔化（熔点大约1500℃），即使燃烧的残渣掉到地上，内部温度也可达到300℃。所以，我们看到的点点烟花，温度都是非常高的，一定要保持安全距离才能观赏。

最精确的爆炸

说完了烟花的颜色，再来说说燃放技术吧。我们知道，传统烟花都是像炮弹一样打出炮口，继而在空中爆炸的。烟花的高度取决于烟花炮的装药量和黑火药的燃烧程度，爆炸的时间则取决于引线的长度和材质，但即使是同一根引线，不同部分的燃烧速度也可能是不一样的。而北京奥运会开幕式上，29个"脚印"沿中轴线"走"向"鸟巢"，2008张"笑脸"同时绽放，这样精确的爆炸是如何实现的呢？

其实，北京奥运会开幕式上的烟花，从发射到点火都采用了新技术，以保证绽放的效果。在发射上，采用的是"膛压发射技术"。这种发射技术不用火药，而是用压缩空气代替，通过调节压力的强弱，就可以控制烟花发射的精确高度。至于像"脚印"这样的烟花，也不是靠普通引线点燃的，而是通过电子打火装置。这种烟花被叫作"芯片烟花弹",在每一颗烟花弹的内部都安装了一枚电子芯片。这些芯片通过微波接收电脑信号,在由电脑程序指定的时间、地点爆炸,编排的时间往往精确到毫秒级,从而在空中呈现出一幅幅精确而璀璨的画面。当"笑脸"在"鸟巢"上空绽放时,有人曾担心"鸟巢"外层覆盖的薄膜。其实,这种担心是多余的,通过精确的时间控制,能确保每一点火星都在"鸟巢"上方燃尽,这可谓一切尽在掌握之中。

烟花之所以五颜六色是因为掺入的金属化合物在发生"焰色反应"

揭秘核爆炸

> 在军事类节目中,大家一定看到过这样的场面:随着一声巨响,发光的大火球直冲上天,继而升腾起壮观的蘑菇云。这就是核爆炸的经典场景。

从1945年第一颗原子弹被制造出来,人类进入了核时代。核武器是迄今为止人类制造的威力最大的武器,它爆炸时释放的能量常用释放相同能量的TNT炸药量来表示,称为"TNT当量"。特大型核武器,单弹头当量达到2500万吨;最小的核武器,当量也有10吨。有数据资料显示,目前全世界核武器总当量为100亿吨,足以把地球毁灭几十次。

最恐怖的分离和相聚

爱因斯坦有个著名的质能关系公式$E=mc^2$,这里的"E"代表物体的能量,"m"代表物体的质量,"c"代表光的速度(即每秒30万千米)。可想而知,c的平方是个巨大的系数,也就意味着极小的质量可以释放出极大的能量。核爆炸何以具有如此大的威力,正是基于这个公式。20世纪30年代,奥地利物理学家豪特曼斯在研究天体发光现象时,发现了"热核反应原理"。很快,科学家们就掌握了热核反应所包括的两种基本反应:核裂变和核聚变。第一代核武器——原子弹的制造,利用的就是核裂变;而后来发明的氢弹,则属于核聚变武器。

一般化学炸药爆炸时所释放的能量，来自化合物的分解反应。在这种化学反应里，碳、氢、氧、氮等原子的原子核都没有改变，只是各个原子之间的组合状态有了变化。核爆炸则不同，在核裂变和核聚变的反应里，参与反应的原子核都转变成了其他原子核，原子也因此发生了变化。先来解释核裂变，简单来讲，就是由质量大的原子分裂成质量较小的原子。按照分裂的方式，一般有自发裂变和感生裂变两种。自发裂变没有外力作用，类似于放射性衰变，是重核不稳定的一种表现。感生裂变则以众所周知的原子弹制造材料——铀来举例。铀的原子核质量非常大，这也是选中它进行裂变反应的原因所在。在外力的作用下，加热后的铀原子会释放出 2 到 4 个中子；这些中子再去撞击其他铀原子；而其他铀原子的原子核在吸收了一个中子后，又会分裂成两个或者更多个质量较小的原子核，同时释放出 2 到 4 个中子和很大的能量……如此循环，从而形成链式反应。

再来说说核聚变。核聚变刚好与上面相反，它是由质量较小的原子，主要是氘或氚，在一定条件下（比如超高温和超高压）发生原子核聚合作用，生成质量更大的新原子核。像太阳之所以会发光发热，就是由于其内部的核聚变反应。

不要小看了核裂变和核聚变，把它们称为世界上"最恐怖的分离和相聚"一点也不夸张。以铀的裂变为例，1 千克铀全部裂变释放的能量大约为 8×10^{13} 焦耳，比 1 千克 TNT 炸药爆炸释放的能量多出 2000 万倍；而核聚变释放的能量比裂变还要大。

露出狰狞面孔

核爆炸究竟有多可怕？有人把它比作魔鬼，但也许实际上它比魔鬼还要可怕。核爆炸通过冲击波、光辐射、早期核辐射、核电磁脉冲以及放射性污染等效应对环境和生物造成毁灭性破坏。一颗当量 3 万吨的原子弹爆炸后，

爱上科学 课堂上学不到的化学
KETANG SHANG XUE BUDAO DE HUAXUE
AISHANG KEXUE YIDING YAO ZHIDAO DE KEPU JINGDIAN
一定要知道的科普经典

在距离爆炸中心800米处，冲击波的运动速度可达到200米/秒；距离爆炸中心7000米范围内会受到比太阳光强13倍的光辐射，这种光辐射可以使物体燃烧，使人迅速致盲并造成皮肤大面积灼烧溃烂；早期核辐射是在核爆炸最初几十秒中放出的中子流和γ射线，距离爆炸中心200米以内受到辐射的人会立即死亡，1100米以内受到辐射的人几周内也会致死；核电磁脉冲的电场强度在几千米的范围内可达到1万至10万伏，击穿绝缘，烧毁电路；至于放射性污染，通常是蘑菇云飘散后降落的烟尘带来的。1954年，美国在比基尼岛进行核爆炸试验，爆炸后6小时，放射性污染区长达257千米、宽64千米，区域内的所有生物无一幸免，很多人缓慢死去或终生残疾。

关于核爆炸的危害，核物理学家还提出了一个"核冬天"的概念。爆炸时巨大的能量将大量烟尘带到空中，有的烟尘甚至进入了12千米以上的平流层。这些烟尘质量极轻，能够在高空停留数天乃至一年以上。因为烟尘微粒的直径大部分都小于 1 微米，比红外波长（约 10 微米）还小，所以对太阳的可见光辐射有较强吸收力，但对地面向外的红外光辐射却吸收较弱，这直接导致了高层大气升温，地表温度下降，从而产生与"温室效应"相反的作用，最终使得地球呈现如冬天般严寒的景象，万物凋敝，生命濒临灭绝。这就是可怕的"核冬天"。

核能发电：让魔鬼变天使

其实，万事万物都有两面性，核爆炸作为一种巨大的能量来源，也并不是只有坏处没有好处。二战之后，核能开始被和平利用于发电。铀燃料核裂变所产生的热，将水加热到高温高压的状态，水沸腾产生蒸汽，蒸汽使涡轮机转动从而发电。从原理上来讲，核能发电与火力发电相似，但所需的燃料消耗比火电厂少得多。举例来说，核电厂每年要用掉 80 吨的核燃料，只要 2 节标准货柜就可以运载了；但如果换成燃煤，则需要 515 万吨，20 吨的大卡车要运 705 车才够。另外，地球上可供开发的核燃料资源也比较丰富，如铀、氘、锂、硼等。当然，最重要的一点还在于核能的清洁性。我们知道，使用煤、石油等都会释放出二氧化硫、氮氧化物等大量的烟尘、废气，对环境的污染非常严重，现在全球气候变暖、南极臭氧层空洞等，也都是因环境污染所致，而核能却是一种清洁的能源，所以现在许多国家都在大力开发核能。比如法国，法国的核能发电量已经占到了本国总发电量的 86%。

当然，要使魔鬼真正地变成天使，人类还需要注意很多问题。对于核能发电来说，放射性核废料的处理以及维护核电站安全都是十分重要的问题。到目前为止，除了深埋核废料，别无他法；而核电站泄漏的惨剧也确实发生过：1986 年，乌克兰切尔诺贝利核电站的爆炸使得 500 万人遭受辐射，专家估计，完全消除这场浩劫的影响最少需要 800 年；2011 年，日本大地震导致的核泄漏，再次引发了全世界对核能运用的深刻反思。

熊熊燃烧的奥运火炬

> 几千年来，火炬一直是光明、勇敢和威力的象征。自1936年第11届奥运会以来，以后历届奥运会开幕式都要举行颇为隆重的"火炬接力"。

2008年，我国化学专家研制的轻型火炬为北京奥运会增色不少：高达8米左右的火苗，即使在晴朗的白天，二百米以外仍然清晰可见，并且在大风大雨中，甚至严酷低温的珠穆朗玛峰上也能熊熊燃烧。

99% 丙烷做燃料

是什么使火炬闪烁出耀眼的光芒呢？是有机物燃料。在1972年慕尼黑奥运会举办之前，火炬的燃料均为固体燃料，从黑火药、松香到金属镁都做过尝试，但效果并不理想，有时甚至具有很大的危险性。慕尼黑奥运会火炬的燃料发生了重大改变：首次使用了由24%丙烷和76%丁烷组成的混合液体燃料。从这以后，近代奥运会火炬彻底引入液体燃料。1996年，亚特兰大奥运会的火炬燃料为丙烯，燃烧时可呈现明亮的火焰，但同时也产生了大量烟雾，不利于环保；2000年的悉尼奥运会吸取经验，所用燃料是35%丙烷和65%丁烷混合物，火焰亮，烟雾又小。而2008年北京奥运会的火炬燃料与以往都不同，选择的是纯度99%以上的丙烷。

丙烷是一种价格低廉的常用燃料，其化学成分是碳和氢，燃烧时火焰呈亮黄色，具有较好的可观性，燃烧的产物为二氧化碳和水，不会对环境造成污染，也满足了绿色环保的要求。更重要的是，丙烷可以适应比较宽的温度范围：燃料温度至20℃时，可产生10个左右大气压（由于火炬的燃料瓶可以承受150个大气压，所以不用担心外泄）；在零下40℃时仍能产生1个以上气压，形成燃烧。

"双火焰"防风雨

那么，奥运火炬之所以在极端条件下经久不灭，原因仅仅在于丙烷吗？当然不是。有数据资料显示，奥运火炬发出的火焰能够承受每小时65千米的风速干扰以及每小时近5厘米的降雨考验。

风雨是影响燃烧的关键因素。我们知道，燃烧最重要的就是燃料和空气要有适当的比例，而风吹雨淋毫无疑问会破坏这个比例，从而导致火焰的熄灭。有人很自然地想到，防风防雨最简单的莫过于罩上一个玻璃罩，但是玻璃罩不但增加火炬的重量，还容易脱落、摔坏，而且从美观性来讲也差了许多。专家们相信，一定有更好的解决方案。这个方案就是"双火焰"原理。"双火焰"原理被普遍用于航天航空科技中，因为航天器的发动机有时也可能出现熄火的状况，该原理就是用来提高燃烧的稳定性的。简单来说，就是在主燃室里面再增加一个局部的小的预燃室。当燃气流入火炬后，一部分进入燃烧器的主燃室，在火炬外形成扩散得比较饱满的火焰；另一部分则进入预燃室，在火炬内保持一个比较小的但十分稳定的火焰，这种火焰被称为"值班火焰"。如果出现状况，主燃室火焰熄灭，预燃室仍能保持燃烧。这时，值班火焰就会使主燃室复燃，整个过程在零点几秒就能完成，因此不会对整个火炬燃烧产生明显影响。事实证明，"双火焰"的设计极大地提高了火炬的抗风雨性能，从某种意义上来说，这是航天航空科技在体育方面的创新应用。

珠峰上，零下40度的燃烧

温度对于燃烧也是至关重要的。当西方科学家听说北京奥运火炬将在珠穆朗玛峰传递时，都大吃一惊，他们中还有些人担心：火炬的燃料会不会被冻住？2000年，悉尼奥运会在著名景点大堡礁进行了人类历史上第一次水下火炬接力，当时的悉尼火炬设计采用了保温装置。因为对于气相燃烧而言，如果没有有效的热量补充，燃料瓶的温度是会下降的，而燃料在低温状态下，燃烧产生的气压降低，有可能影响燃烧性能。美国化学学会专家杰里·贝尔就这样说过："丙烷即使在寒冷的气候条件下也会挥发，所以，如何延长燃烧时间是北京奥运火炬必须解决的问题。"

在设计奥运火炬时，确实也遇到了这个问题。刚研制时，燃料瓶的容积较大，因此降温也慢。但是改进后的燃料瓶变小了，要延长燃烧时间，必须加设回热装置给它加热。加热得有热源，我国的设计人员想到了利用火炬自身燃烧的热量——燃气流入火炬后，不是直接进入燃烧室，而是通过回热系统对燃料瓶进行加热，以减缓温度降低的速度，满足燃烧时间。回热管还有个好处，就是热交换不可能把所有热量都交换掉，所以管内的气体温度也是会升高的，有利于燃烧。正是由于有了回热管，北京奥运火炬才能在珠穆朗玛峰上零下40℃的环境下熊熊燃烧。

比赛场上的化学

> 我们的生活处处离不开化学。即使在比赛场上，化学所起到的作用，从来都不只是雪中送炭，更是锦上添花。

举重运动员、体操运动员在比赛时为什么要将双手涂上白色粉末？液体喷雾剂为什么能使足球场上的伤员重新站起来？田径场上，醒目的棕红色跑道为什么有助于提高成绩？这些都是化学的功劳。当然，有时也有副作用，比如运动员通过兴奋剂来获得名次，这种与体育精神背道而驰的不公平竞争行为实际上是化学品的滥用。

抹在手上的防滑粉

在体育节目中，我们时常看到举重运动员把两手伸入盛有白色粉末的盆中，然后摩擦掌心；做鞍马、吊环动作的体操运动员也是如此。这种神秘的白色粉末究竟是什么呢？是镁粉，其化学成分为碳酸镁。运动员在比赛时，手掌心常会冒汗，湿滑的掌心会使摩擦力减小，导致运动员握不住器械，不仅影响动作的质量，严重时还会造成运动员受伤。而碳酸镁粉末具有良好的吸湿性，不仅能吸收掌心汗水，同时还会增加掌心与器械之间的摩擦力，防止打滑和脱杠。

粉末吸湿不难理解。有研究者通过 X 射线晶体结构衍射测试表明，碳酸镁对水分的吸收完全是微小颗粒空隙间的吸附,也就是说,在这一过程中,碳酸镁分子的晶体结构并没有发生变化。那么,增加摩擦力又是怎么回事呢?原来,碳酸镁分子属于大分子,当手掌在器械上急剧转动时,碳酸镁分子便起到了"衬垫"的作用,即相当于在手掌和器械之间铺上了一层"小滚珠"。"小滚珠"填平了手掌的褶皱和纹路,增加了与器械的接触面积;接触面积越大,静摩擦力也就越大,所以越不容易滑动了。

需要指出的是,很多人都把碳酸镁粉末与滑石粉、爽身粉之类的等同。这种错误其实是显而易见的,滑石粉、爽身粉虽然也能吸湿,但是从名字就可以知道,它们的作用是润滑——减小摩擦力,与碳酸镁粉末增加摩擦力刚好相反。试想,掌心出汗本来就容易打滑,如果摩擦力再减小,出现的结果肯定不是运动员想要的。实际上,滑石粉、爽身粉等的主要化学成分是硅酸镁,约占70%,而所含碳酸镁成分还不到10%。

神奇喷雾氯乙烷

在激烈拼搏的足球赛中,我们常常会看到运动员摔倒在草坪上,这时医疗队急忙跑上前,用一个小喷壶对着运动员受伤的部位"哧哧"喷了几下,然后反复搓揉、按摩,不一会儿,受伤的运动员竟又生龙活虎地冲向了赛场。

小喷壶里装的是什么灵丹妙药呢?其实是氯乙烷液体。氯乙烷在常温下呈气态,通过加压的方法可以使之液化。当氯乙烷液体被喷到温暖的皮肤上时,会立刻沸腾起来,这是因为它的沸点很低,13.1℃即会挥发。我们知道,液体挥发时都要从周围吸收热量,氯乙烷挥发得很快,迅速带走大量的热,从而使皮肤温度骤降,像被冰冻了一样,暂时失去知觉,痛感也就消失了。这种使身体某一个部位暂时失去知觉,又不影响其他部位活动的方法,在医学上叫作"局部麻醉"。外科医生在做小手术时,也常常会用液态氯乙烷做麻醉剂,一方面使皮下毛细血管受冷收缩,停止出血,以防止负伤部位瘀血和水肿;另一方面也能起到迅速镇痛的作用。不过,可想而知,液态氯乙烷只能用作应急处理，对付一般的肌肉挫伤或扭伤，并不能起到治疗的作用。如果运动员在比赛中造成骨折，或者其他内脏受伤，它就无能为力了。

塑胶跑道助力

以前，田径运动员们在水泥跑道上跑步，如今水泥跑道早已成为历史，被新的塑胶跑道所取代。你看，那棕红色的塑胶跑道围绕着翠绿的足球场，显得十分醒目。当然，这可不仅仅为了好看。

和水泥跑道相比，塑胶跑道最大的优势在于弹性。我们知道，在水泥跑道上长时间奔跑后，双脚会像灌了铅似的，非常沉重；而换了塑胶跑道就不会出现这种状况，因此有利于运动员速度和技术的发挥，有效提高运动成绩。塑胶跑道属于高分子材料产品，从化学成分来说，它由有机聚合物、无机填料、颜料等组成。仔细观察塑胶跑道的构造，它就像一块正贴胶粒的海绵乒乓球拍：跑道面上的橡胶颗粒好比球拍上的胶粒；塑胶面层相当于海绵层；而跑道的地基就如同球拍的木底板。当运动员跑步时，脚每蹬一步，都会压缩一次跑道上的塑胶；而塑胶在压缩时，又会对鞋底产生一股反作用力；鞋底因反作用力而弹起，所以跑起来就会感觉轻松省力。另外，由于质软抗震，塑胶跑道还能减缓跑步时对骨骼、韧带造成的压力，降低损伤率。

不公平竞争：兴奋剂

在第24届汉城奥运会上，加拿大短跑名将本·约翰逊以9秒79的百米成绩战胜了美国短跑名将刘易斯。整个体育场都为之沸腾了，人们像欢迎英雄一样激动地呼喊着约翰逊的名字。但是几天以后，奥运会组委会收回了约翰逊的金牌，因为他被查出在比赛中服用违禁药物。

体育比赛中最常见的违禁药物就是兴奋剂。兴奋剂的种类很多，目前国际上将之统称为"doping"，这个单词源于荷兰语"dop"，最初是指南非祖鲁人利用葡萄皮制作的一种酒精饮料，据说饮用之后可以增强战斗力。那么，兴奋剂为何能使人超常发挥呢？以属于肽类激素的促红细胞生成素——EPO为例，当它进入血液之后，能与骨髓中的受体结合，产生更多的血红细胞。我们知道，血液中的血红细胞越多，意味着输送给肌肉的氧气也就越多，所以运动员的耐力会大大提高。再比如合成类固醇，实际是一种蛋白同化制剂，能促使体格强壮、肌肉发达、增强爆发力，并缩短体力恢复的时间，所以常被短跑、游泳、投掷、摔跤、柔道、健美等运动员使用。

从 1968 年开始，体育界首次进行兴奋剂尿检。接受检查的运动员必须按照严格的标准提供尿液标本，一旦检测结果显示"阳性"，运动员的成绩将被取消，同时可能面临终生禁赛的惩罚。这一方面是为了维护比赛的公平性，另一方面也是出于对运动员健康的考虑。任何违反正常生理活动的现象都会给身体造成极大损害。服用兴奋剂的运动员，其超常发挥是以严重透支体力为代价的，一旦药效过去，这种透支就不得不通过牺牲健康的方式来加倍"偿还"：损伤肝脏，引发肝癌；使泌尿系统发生癌变；给心脏、血管带来危害，诱发冠心病、心肌梗死、脑血管破裂或者高血压等。至轻的，也会造成头晕、失眠、幻觉、心跳过缓等症状。

科学小常识

冒白烟的发令枪

田径场上，发令枪打响后为什么会产生白色烟幕呢？我们知道，发令枪里射出的不是子弹，而是药粉。这种药粉含有氧化剂——氯酸钾和发烟剂——红磷等物质。摩擦产生的高温使氯酸钾迅速分解，生成氯化钾，并释放出氧气；氧气马上与红磷剧烈燃烧，燃烧的产物是白色粉末——五氧化二磷。五氧化二磷在空气中极易吸水而形成酸雾，这就是我们看到的白色烟雾了。

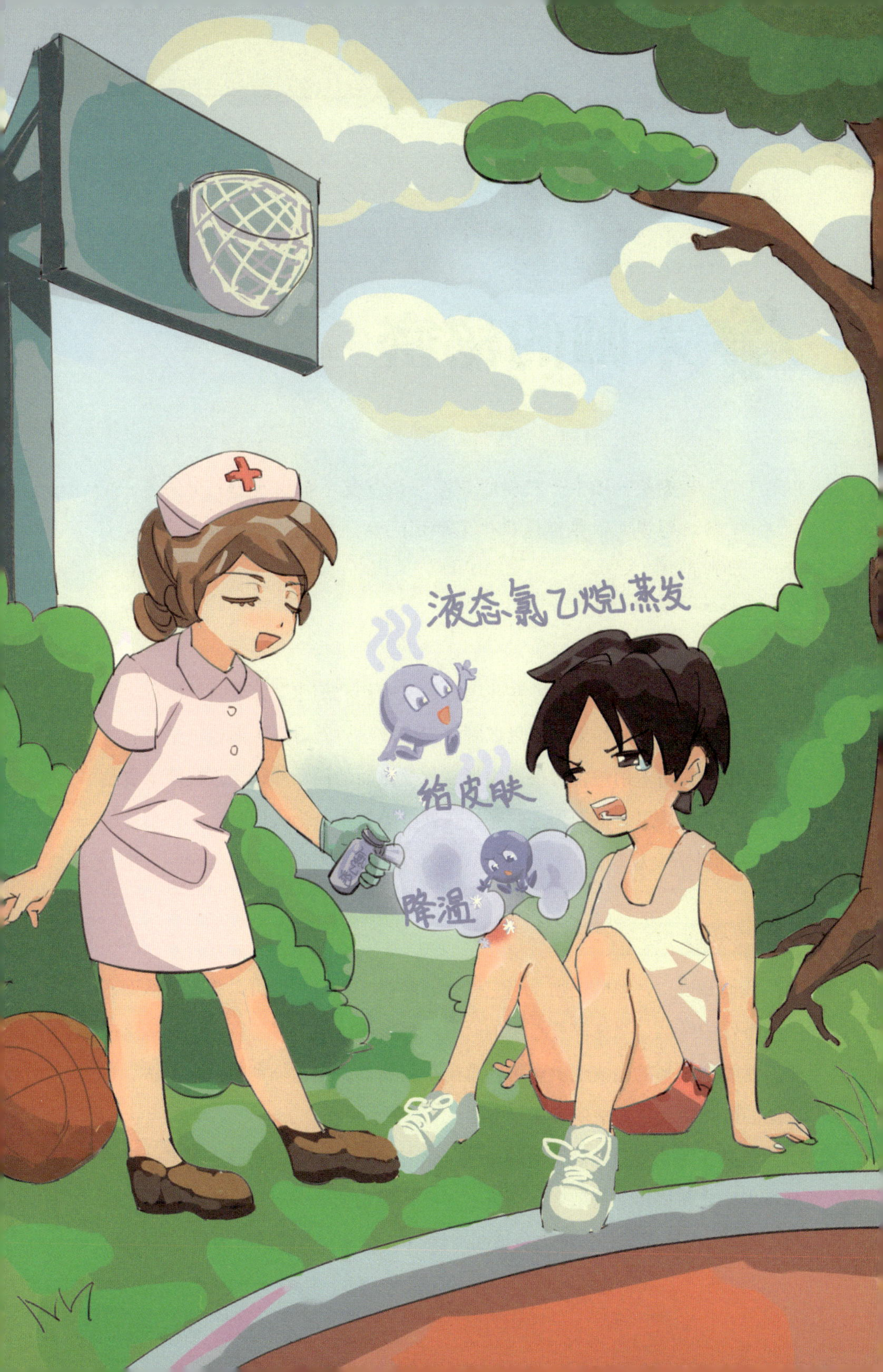
液态氯乙烷蒸发
给皮肤
降温

魔术师的秘密

魔术是一项十分神秘的表演，很多魔术都让人感到匪夷所思。但是，如果你懂得化学知识的话，就能领悟到其中的奥妙了。

"魔术"一词是外来语，在我国古代又叫作"幻术"，老百姓则称之为"变戏法"。但是，如果真的只把魔术当作戏法，看看热闹而已，未免有些可惜，因为在魔术中包含着很多物理、化学方面的科学知识。现代魔术更是以奇特的艺术构思，借助先进的光、声、电等技术，为人们献上一幕幕值得寻味的"科学大戏"。

一吹即燃的蜡烛

我们知道，一般的蜡烛，当它燃烧的时候，一口气就可以吹灭。然而有一种特殊的蜡烛，当你需要点燃的时候，只要吹一口气就可以了。这是真的吗？看看魔术师的表演吧：魔术师拿出一只蜡烛，把它插到蜡台上，然后对准蜡芯吹一口气，蜡烛便燃烧起来了。

奥妙在哪呢？蜡烛是普通的蜡烛，蜡芯却不是普通的蜡芯。原来，魔术师在表演之前将蜡芯松散开，滴进了一些特殊物质——溶有白磷粉末的二硫化碳溶液。二硫化碳是一种无色透明液体，0.8毫升二硫化碳可溶解1克白磷。

除此之外，它还有一个特点，即极易挥发。当魔术师吹气的时候，二硫化碳的挥发速度进一步加快，等到完全挥发之后，蜡芯上便只剩下细微的白磷颗粒了。白磷是一种易自燃的物质，其着火点只有35℃，蜡烛之所以会燃烧，就是白磷自燃引起的。不过，有人或许会问：魔术师吹的那口气，温度怎么会达到35℃呢？炎炎夏日才有这么高的温度啊！这是因为，暴露在空气中的白磷能够与氧气发生反应，并产生热量，使温度上升。所以，并不是说室温在35℃以下白磷就不会自燃。也因为白磷的这一特性，像火车等交通工具上，是严禁携带白磷的。

口吞"烈火"

口吞"烈火"也是魔术表演中较常见的一个项目。火能伤身，难道魔术师真的像孙悟空一样，不怕烈火灼烧吗？其实，魔术师也是凡人，如果知道了口吞"烈火"的奥秘，我们也能像魔术师一样"吞火吐烟"。

不妨先来做这样一个实验：从集市上买点新鲜草莓，取出其中数枚，洗净放入烧杯中；向烧杯中倒入高浓度的白酒，让草莓在白酒里浸泡半个小时；然后用筷子夹起一枚草莓，放在酒精灯上点燃，它立刻会烧成一个火球；将"火草莓"迅速放入口中，千万别担心会被火灼伤了嘴巴，屏住呼吸，一会儿就可以尝出"火草莓"的味道了，真是别有一番滋味。（本实验存在一定危险，请勿轻易模仿。）

新鲜草莓本身就含有较多水分，将它浸泡到白酒中时，白酒中的溶剂水渗透会使草莓的水分进一步增多。当草莓被点燃后，附着在草莓外壁的酒精开始燃烧，而草莓本身则受热蒸发水分。由于水的蒸发会吸去酒精燃烧时所产生的大量热量，所以草莓自身的温度升高得并不多。另外，充分燃烧是以氧气供应充足为前提的，"烈火"的内焰由于与氧气接触少，供氧不足，所以燃烧不充分，放出的热量并不是太多；而外焰虽然接触氧气，温度稍高，但因为迅速闭上了嘴，停止吸气几秒钟，火焰会因与空气隔绝，没有氧气而

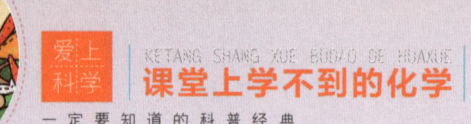

熄灭。这样，口吞"烈火"也就安然无恙了。

"清水九变"之谜

在综艺电视节目《国际魔术大观》中，曾经播出过这么一个"清水九变"的魔术：桌子上放着九个各盛不到半杯"清水"的无色玻璃杯；魔术师将第一杯倒入第二杯中，再将第二杯倒入第三杯中，依次直至第九杯。每倒一次，玻璃杯中都会呈现出不同的颜色：从一到二，"清水"变"牛奶"；从二到三，"牛奶"变"白酒"；从三到四，"白酒"变"菠萝汁"；从四到五，"菠萝汁"变"墨汁"；从五到六，"墨汁"变"茅台"；从六到七，"茅台"变"红墨水"；从七到八，"红墨水"变"蒸馏水"；从八到九，"蒸馏水"变"汽水"。

这个魔术的原理并不复杂，主要利用的是不同溶液发生化学反应所造成的溶液颜色的改变。可想而知，九个玻璃杯中盛的其实都不是清水，而是无色透明的化学溶液。比如，第一个杯中是氯化钠溶液，它与第二杯硝酸银溶液反应，生成白色氯化银，呈现牛奶般的乳状；氯化银溶液与第三杯氨水溶液反应，生成二氨合银离子和氯离子，像白酒一样无色；第四杯是碘化钾溶液，二氨合银离子与碘离子反应，生成橙色碘化银沉淀，看上去就像菠萝汁；第五杯是硫化钠溶液，碘化银与硫离子反应，生成硫化银，硫化银是一种灰黑色物质，使溶液变成了"墨汁"；第六杯是氰化钾溶液，硫化银与氰根离子反应，生成二氰合银离子和硫离子，于是溶液再次变色，澄清如茅台；硫离子与水反应，生成硫氢根和氢氧根，同时氰根离子与水反应，生成氰化氢和氢氧根，由于氢氧根的存在，溶液呈现出碱性，什么能使碱性溶液变成"红墨水"呢？酸碱指示剂——酚酞，所以第七杯就是无色透明的酚酞溶液了；在碱性溶液中，倒入第八杯稀盐酸，酸碱中和，故而"红墨水"又变回了"蒸馏水"；最后一杯是碳酸钠溶液，碳酸钠也就是我们俗称的"苏打"，它溶于水与水分子反应，释放出大量的二氧化碳气体，与碳酸汽水的原理是一样的。

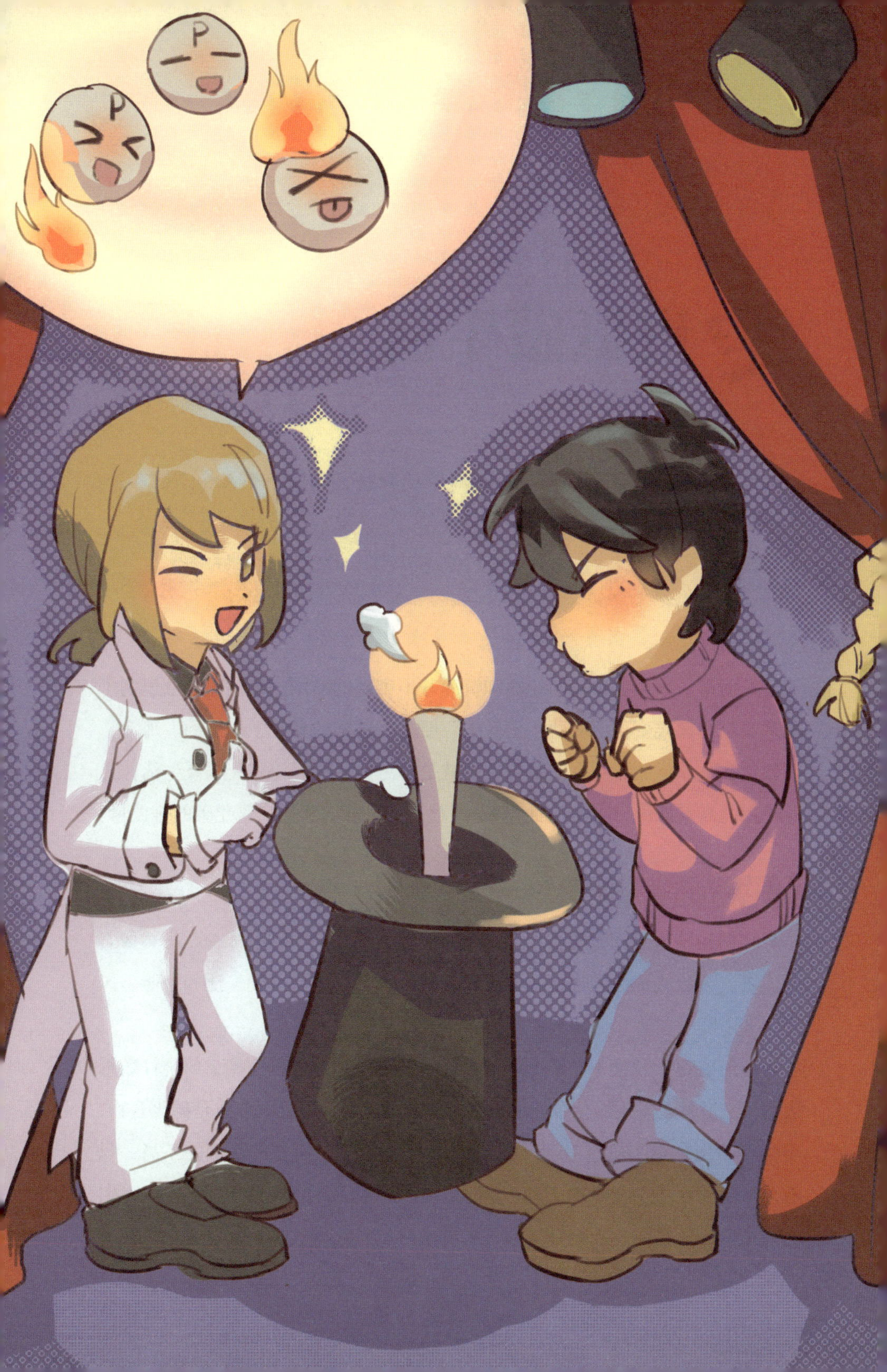

爱上科学
KETANG SHANG XUE BUDAO DE HUAXUE
课堂上学不到的化学
AISHANG KEXUE YIDING YAO ZHIDAO DE KEPU JINGDIAN
一定要知道的科普经典

走进低碳生活

> "低碳"一词最早见诸2003年的英国能源白皮书《我们能源的未来：创建低碳经济》。如今，"低碳社会""低碳城市""低碳交通"……各行业纷纷冠以"低碳"二字，使之成为一种时尚。

作为第一次工业革命的先驱和资源并不丰富的岛国，英国充分意识到了能源安全和气候变化的威胁，"低碳"便是在这样的背景下提出的。那么，究竟什么是"低碳"呢？简单来说，就是要尽力减少经济发展以及生活作息所耗用的高碳能源，比如石油、煤、天然气等，从而降低二氧化碳的排放量。

碳是生命的栋梁之材

"低碳"就是低能耗。我们知道，能源的形式是多种多样的。虽然像石油、煤、天然气一类的化石能源都含有碳，那么别的能源呢？比如电能、风能、太阳能等，为什么偏偏要以"碳"来计量呢？

在所有化学元素中，最奇妙的莫过于碳了。据《美国文摘》的统计数据表明，全世界经发现的化合物种类多达400多万，其中绝大多数是碳化合物，不含碳的化合物不超过10万种。但是，碳在地壳中所占的比例并不高，只有总重量的0.4%，是氧的1/49、硅的1/26。大部分碳存在于大气中，据检测，大气中碳的重量多达20000亿吨（主要来自二氧化碳气体）。这是一笔巨大的财富，是构成生命的栋梁之材。地球上的生命，大部分都是碳基生命。植物通过光合作用，将大气里二氧化碳所含的碳变成纤维素、淀粉和蛋白质，供给人类和其他动物食用。现在活着的动植物机体里，包括植物的根、茎、叶和动物的骨肉、血液，含有大约7000亿吨碳。经过自然界的循环，植物储存的生物能就这样被转化成了不同形式的能源，最终随着能源的消耗，其中的碳变成二氧化碳，还给大气层。

由此可以说，生命的金字塔是以碳为骨架搭建起来的。没有碳，就没有生命。碳好比流通货币一样，可以从根本上衡量能量从一种物质到另一种物质转移了多少，这是因为能量的转移按照一定比例，最终都能转换为二氧化碳的排放。降低能耗也可以理解为一定数量二氧化碳的减排，也就是所谓的"低碳"了。

二氧化碳的怪脾气

从另一个方面讲，强调"低碳"实际上主要是针对二氧化碳的。在大气

里，二氧化碳虽然所占比例不过大气总量的0.03%，但它是植物进行光合作用的必需原料，对地球上的生命具有十分重要的意义。

既然如此，为什么又要减少二氧化碳排放呢？因为二氧化碳还有一个怪脾气——产生温室效应。众所周知，地球是从太阳辐射中获得能量的。白天，当太阳的短波辐射（主要指可见光）透过大气层到达地球表面时，一部分短波辐射将被地球表面吸收，从而使近地面大气的温度升高；到了晚上，地球表面又以长波红外辐射的形式向宇宙空间散发能量，所以才有了夜晚温度降低的现象。而二氧化碳"怪"就怪在它偏爱吸收红外辐射，留住温暖的红外线，不让它散失掉，这就如同给地球罩上了一层硕大无比的塑料薄膜，使地球变成了一个温室——只准太阳短波辐射"送"热进来，却不让地面长波辐射"散"热出去。这就是温室效应了。

温室效应使地球气候变暖，其结果犹如一把双刃剑。积极的作用在于能使部分干旱区雨量增多，高纬度农业区热量状况改善。然而，最主要的则是负面影响，即会造成热带和温带的旱涝灾害频发，以及冰山融化、海平面上升、沿海三角洲被淹没的恶果。因此，减少二氧化碳的排放量是人类刻不容缓的义务。

从小事做起

"低碳"不仅仅是一句口号，更需要用行动去实践。从大的方面讲，应该逐渐摈弃高能耗的经济增长方式，寻找和推广低污染的新能源；而在我们的日常生活中，也有很多力所能及的小事，比如提倡使用自然光，不通宵达旦地看电视；电脑关机后要拔掉电源；收集洗脸水、洗米水冲马桶；多以面对面交流来代替打电话；无纸化办公，双面使用纸张；少开私家车，多利用公共交通工具；重复使用购物袋；植树造林；等等。

装修中的定时炸弹

> 家如同避风港，在这个安全的堡垒里，我们得以遮风挡雨。但是事实上，家居装修中存在的安全隐患，就像定时炸弹一样威胁着我们的健康。

室内空气污染是装修过程中最常见的一种污染，它是指室内空气中的有害化学性因子、物理性因子或者生物性因子超标，直接或间接影响人类身心健康。2010年，在由卫生部组织的室内空气污染国际研讨会上，公布数据显示，我国每年因室内空气污染所导致的超额死亡达11.1万人，室内空气污染已经成为现代社会人类健康的"不能承受之重"。

甲醛：看不见的杀手

我们知道，新装修好的房子一般要空置三五个月到半年才能居住，这叫作"放气"。放的究竟是什么气呢？主要是甲醛。甲醛是一种无色、有强烈刺激性气味的有机物，在常温下呈气态。作为化工原料的甲醛通常以水溶液的形式出现。装修中使用的胶合板、细木工板、刨花板、贴墙布、壁纸等，其黏合剂中均不同程度地含有甲醛或者可水解甲醛化合物。新的木质家具之所以闻起来有一股刺鼻的气味，就是甲醛在作怪。当室温稍微升高时，这些材料中残留的甲醛成分会进一步挥发至空气中，造成室内空气污染。

如今几乎可以断言，凡是大量使用黏合剂的地方，都会有甲醛释放。甲醛气体的毒性较高，在我国有毒化学品优先控制名单上高居第二位，被世界卫生组织确定为致癌和致畸形物质。长期处于甲醛浓度过高的环境中，对身体的损害是致命的，正因为如此，甲醛被称为"室内隐形杀手"。

奇妙的玛雅蓝净化剂

玛雅蓝是由纯天然凹凸棒黏土（一种含水富镁铝的硅酸盐黏土矿物）和海泡石等组成的稀有矿物。早在西班牙人统治中南美洲之前，这种矿物被作为一种蓝色颜料，广泛用于玛雅人的壁画、陶器和雕像中，因而得名。玛雅蓝最初引人注意的是它超强的耐腐蚀性，经年累月的气温变化和潮湿的空气都无法使它褪色，沸水、高浓度的酸或碱以及各种有机溶剂也无法破坏其结构。一开始，人们认为它是一种纯矿物质，后来通过 X 射线证实，其实是无色的凹凸棒黏土混合了一种植物靛青色素制成的。墨西哥科学家在电子显微镜下观察玛雅蓝的原子排列，发现其板状、犹如笼子般的结构正好将色素分子"关"进其中，保护色素分子不受侵蚀，这可能就是玛雅蓝历经千年依然鲜亮的原因。

玛雅蓝还是世界上最早的纳米材料之一，这一特性决定了它超强的吸附力。据检测，玛雅蓝的吸附力比活性炭更强，原因就在于前者的纳米级孔隙更多。而室内空气污染的罪魁祸首——甲醛的分子就是纳米级气体分子，因此，玛雅蓝成为了甲醛的天然克星。除此之外，甲醛分子还是极性分子，玛雅蓝的晶体微孔表面也正好带有极性，可以对极性分子选择性地吸收。更为重要的是，由于甲醛的释放时间很长，有时甚至长达一两年之久，而玛雅蓝使用简单，能够满足长期持续治理的要求。

玛雅蓝"能将有毒的甲醛分子"吃"掉！

空中死神——酸雨

> 20世纪50年代,瑞典气候学家们发现,在北欧以至整个北半球的广大地区,下的雨竟然是"酸"的,它的酸度赶得上西红柿汁,有的甚至像醋一样。

从天空落下的雨滴本来是中性的,它浇灌着土壤,滋润着庄稼,是地表淡水的主要来源。所谓"酸雨",即pH值低于5.6的大气降水,有时甚至达到了4.2,含酸量超过正常雨水的几十倍。继北欧之后,西欧、北美以及我国西南部和台湾省北部地区都证实这种酸雨的存在。目前,酸雨和"温室效应""臭氧层空洞"一起,被认为当代人类面临的三大灾难性环境挑战。

气流托不住了

要弄清楚酸雨的问题,还得从雨水的形成开始。我们知道,地球表面的水在太阳光的照射下吸收热量,变成水蒸气上升到高空。所谓"高处不胜寒",在高空的水蒸汽遇冷,凝聚成小水滴。小水滴的体积很小,直径大概只有0.01~0.02毫米,质量也很轻。又小又轻的小水滴被空气中的上升气流烘托,飘来飘去,这就是我们看到的云。云,便是雨水的前期形态。

小水滴似乎总想挣脱气流的"束缚",为此,它想方设法地壮大自身。如何壮大呢?方法有两个:一种是凝结,另一种是凝华。凝结,就是水从液态变成固态，形成小冰晶；凝华则是水从气态直接变成固态，形成的也是小冰晶。这两个过程都必须吸收能量，所以小水滴不断吸收云体四周的水蒸气。变成了小冰晶之后，体积会增大100万倍以上。如果云体四周的水蒸气能源源不断得到供应和补充，那么凝结和凝华就会一直继续下去，使小冰晶的体积像滚雪球一样膨胀。膨胀到一定程度，空气中的上升气流再也托不住它了，这时，小冰晶就会下落。在下落的过程中，温度逐渐升高，小冰晶又融化成了水，等到落到地面的时候，就是我们看到的雨水了。

谁给雨水加的"料"

据分析检测，酸雨的化学组成包括氢离子、氯离子、硝酸根离子、硫酸根离子等九种。一般而言，硝酸根离子、硫酸根离子是主要的致酸物质，它们就像调味剂一样，把雨水变成了"酸"味。

是谁给雨水加的"料"？为祸者有两个——大自然和人类。像火山爆发所喷出的硫化氢、动植物分解产生的有机酸、土壤微生物及海藻所释放出的二甲基硫以及高空闪电所导致的氮氧化物等，都会导致雨水的酸化。不过，最主要的责任在于人类——人类大量向空气中排放酸性物质，比如二氧化硫、氮氧化物，它们的来源包括火力电厂、家庭取暖燃烧的煤、石油、天然气等化石燃料以及交通工具排放的尾气。

目前人类所使用的化石燃料，含硫量都很高，经过燃烧后会释放出二氧化硫气体。二氧化硫扩散到空气中，首先与氧气发生反应，生成三氧化硫。若有水蒸气存在时，三氧化硫便会溶进水蒸气中，形成硫酸，在空气中凝结成小水滴；或者被雨水溶解，成为雨水中的硫酸根离子。氮氧化物主要存在于交通工具如汽车的尾气中，它是空气中的氮气和氧气在汽缸的高温条件下发生化学反应而产生的。氮氧化物可以与氧气及金属催化物生成二氧化氮、硝酸盐等物质；二氧化氮被微粒表面吸收，也会转变为硝酸盐或硝酸，经过小水滴的直接吸收，最终溶解成硝酸根离子。这下，雨中就变得"酸"了。

被腐蚀的地球

酸雨是工业高度发达而出现的副产品,随着大气污染的日益严重,世界各地均不同程度地出现了酸雨现象。目前,酸雨的范围还在扩大,酸度也还在增强,我们的地球正在被这位"空中死神"腐蚀得千疮百孔。1984年,美国对著名的地标建筑自由女神像进行大修,原因是自由女神像被酸雨严重腐蚀——它那包裹在钢筋混凝土之外的薄铜片变得格外疏松,一触即掉。然而在1932年检查时,自由女神像还是完好无损的。在欧洲,镶有中世纪古老彩色玻璃的哥特式教堂等建筑超过10万栋。这些彩色玻璃弥足珍贵,它们躲过了二战的炮火,却难逃被酸雨腐蚀的厄运。如今,在这些彩色玻璃的表面,布满了无数细小的凹洞。

尽管如此,相对于酸雨给地球上生物带来的毁灭性影响,建筑的腐蚀倒算不得"严重"了。据报道,在德国、波兰和前捷克交界的三角地区曾有一片茂密的森林,如今却已面目全非——酸雨渗入土壤,使这里变成了不毛之地。20世纪50年代初,瑞典和挪威渔业减产,大批死鱼漂浮在水面,原因也在于酸雨引起了河流、湖泊的酸化;粮食、蔬菜、瓜果大面积减产,情况如果继续恶化,或许终有一天,我们会变得无地可耕、无粮可吃。

科学小常识

pH值与物质酸碱性

从化学角度来说,世界万物其实就只有三种:酸性物质、碱性物质和中性物质。通常用pH值来分辨物质是酸性物质还是碱性物质。pH值就是氢离子浓度指数,是指溶液中氢离子的总数和总物质的量的比。pH值介于0到14之间,如果某种溶液,其pH<7,我们就说它是酸性物质;如果pH>7,我们就说它是碱性物质;如果pH=7,我们就说它是中性的。

形成危险的「酸雨」三氧化硫融在雨滴里会

动物化学战

> 自然界中，弱肉强食永远是一个不可违背的生存竞争法则。有的动物有锋利的爪牙，有的动物有超凡的速度，还有的动物有可怕的"化学武器"。

人类有化学战，动物世界同样如此。提到动物们的"化学武器"，最常见的诸如毒液、腐蚀液、气味等。正是倚仗这些化学武器，动物之间才会经常展开一幕又一幕生死存亡的斗争。

"毒"步天下

哪些动物能分泌毒液呢？人们比较熟悉的有：毒蛇、毒蝎、毒蜂、毒蛙和毒蜘蛛。没错，它们就是动物世界的五大用毒高手。这五大高手的毒液可以分为血液毒和神经毒两种类型，前者经过对手的血液循环系统，破坏其组织而致命；后者则作用于对手的中枢神经，最终使其心脏停止跳动。

一般来讲，血液毒起效迅速，一旦被咬或被蛰，立即会有强烈的痛感，伤口红肿，血液变成紫黑色。这是因为毒素破坏了血液中的红细胞，导致血液里的含氧量急剧下降。我们知道，血液中如果有氧，颜色就是鲜红的，缺氧则会发黑，相当于变质了。像蝮蛇、竹叶青、五步蛇等的毒液就属于血液毒。要是中了血液毒，千万不能惊慌走动，否则会加速毒素向全身扩散，而应该在伤口向心脏方向约 3~5 厘米处用绳带结扎。而神经毒则不同，通常被咬或被蛰的当时不痛不肿，大约 1~4 个小时后，中毒症状才会表现出来：牙关发麻、舌头伸缩不灵、说不出话，眼球固定、无法转动，全身困倦无力，等等，这些都是中枢神经中毒导致的。如果不及时抢救，最后就会因呼吸衰竭而死亡。以往农村里时常发生这样的怪事：有的人深夜出去捉蛙，后回到家中睡觉，结果第二天被发现已经中毒身亡。这十有八九是由于被金银环蛇所咬，金银环蛇喜欢在水边活动，以捕食蛙类为生，它的毒液属于神经毒，通常等到中毒症状出现时，人已经快不行了。而对于另一些毒蛇，比如号称"世界上最毒"的太攀蛇，以及大部分的蝎子、蜂类、毒蜘蛛等，它们的毒液往往混合有血液毒和神经毒两种毒素，因此更加致命。

五花八门的"炮弹"

如果能在远处吓退掠食者岂不更好？这就需要动物们多少懂一点弹道学知识。而对于被统称为"放屁虫"的 4 个甲虫群体来说，这种技能显然已经被它们发挥到了极致。甲虫的腹部有两个腺体，每个腺体又分为两个小室，其中一室装着氢醌和过氧化氢的混合物，另外一室装着多种酶的混合物。当甲虫受到攻击时，上述化学物质会立即相遇，发生一系列爆炸性的反应，比如把过氧化氢转化为氧和水等，同时生成腐蚀液。反应过程中释放出来的热量，可以将腐蚀液加热至沸点，然后从甲虫背部可转动的"炮塔"发射出去，准确地喷到对手身上。甲虫的腐蚀液不仅有股刺鼻的硫酸气味，其主要成分苯醌还是一种高毒物质，哪怕低温的苯醌也会让许多掠食者难以招架。一旦被射中，掠食者便会周身布满白色的结晶，疼痛难忍，不停地在地上翻滚。此时，甲虫并不放松，仍然接二连三地对准掠食者喷射，直到对方昏死过去。说起来，甲虫的喷射技术也很值得一提，它不仅能一口气连放 2 炮，还能分别向 4 个方向发射。如果几天内都没有放过炮，它还能在 4 分钟内连发 29 炮，堪比冲锋枪了。

不过，放屁虫的沸腾腐蚀液还不是最绝的，最绝的非角蜥莫属。角蜥是一种头部长有剑形棘刺、状如蟾蜍大小的脊椎动物，原产于北美洲西部。得克萨斯角蜥在大多数情况下都依赖伪装和长刺的皮肤来保护自己，但情急之下它们也会施展出"杀手锏"——把自己的血液从眼睛里射出，喷向掠食者。这是因为角蜥以毒蚁为食，长期以来大量的毒素都积累在血液中。尽管这招十分恐怖，可以吓走绝大多数掠食者，但是"道高一尺魔高一丈"，如果遇上嗜血的老鼠，角蜥便难逃被吃掉的噩运了。

用气味宣战

刺猬浑身长满尖刺，一遇到危险就会蜷成一个刺球，连凶猛的老虎对它也无可奈何。但是刺猬也有天敌，你知道是谁吗？就是黄鼠狼了。狡猾的黄鼠狼对着刺球的缝隙放一个臭屁，过不了多久，刺猬就会被熏昏，松开身体束手就擒了。黄鼠狼可谓"臭名昭著"，它的屁之所以奇臭无比，是因为含有一种叫作"丁硫醇"的化学物质。人的嗅觉对丁硫醇的臭味非常敏感，因此生产煤气、液化石油气的工厂特意在燃料气里掺进一点点丁硫醇，充当臭味报警员，一旦闻到这种臭味，就可以及早发觉有煤气泄漏，赶快采取措施。

自然界中，像黄鼠狼这样使用气味的"化学兵"还有很多。比如燕尾凤蝶，就是利用气味来实施集体防御的。燕尾凤蝶有一对鲜红色或桔色的触角，称为"丫腺"，位于紧挨头部的后面。在正常情况下，丫腺隐藏在囊里，受攻击时会突然伸出，喷出一股极臭的脂肪酸分泌液。一群燕尾凤蝶在一起飞舞时，只要外围有一只受到骚扰，这个群落就会同时喷射，在四周形成一圈化学"烟雾"，有效地抗击来犯者。

对于猴子、野猪等动物来说，除了防御，气味还有别的特殊用途。猴群或野猪群中的领袖能够发出使其他雄性动物臣服的气味，只要闻到这种气味，即使没有见面，它们也会变得服服帖帖的。有一种貂熊，一旦发现小型猎物就立即撒尿，用尿围着猎物在地上划一大圈，被圈中的猎物如同中了魔法，费尽全力也难逃"禁圈";圈外的一些凶猛动物,像豹子、狼等,也不敢跨入"禁圈"去争夺。很明显,这种神奇的现象肯定与貂熊尿液的气味有关。有人认为,貂熊尿液里有特殊的麻醉成分,能够麻痹动物的神经中枢。然而,科学家至今也没有检测出这种特殊成分,真相尚待进一步研究。

植物化学战

在丰富多彩的植物世界里，有许多种植物都会利用自己特有的分泌物作为"化学武器"，来对付其他动植物，这就是植物的化学战。

"三十六计走为上策"，遇到危险，动物可以逃跑。相比之下，植物似乎处于弱势，害虫来了、牛羊来了、其他植物入侵了，它们却动也不能动一下。当然，这并不意味着植物毫无还手之力，有的植物身上长出尖刺，就是为了给冒犯者一个下马威。不过，刺还不是植物最通用的武器，对于大多数植物来说，最有效的武器还要数化学武器。

休想靠近我

保持距离，不让动物靠近，是很多植物自卫防御的第一步。还记得《野天鹅》的童话吗？故事中的艾丽莎为了帮助变成了野天鹅的哥哥们恢复人形，采集荨麻给哥哥们编织衣物，哪怕手指被刺破也不畏惧。这个故事虽然是安徒生想象出来的，荨麻却是真实存在的，而且在山林路边十分常见。只不过，与故事中轻描淡写地叙述不同，如果真的被荨麻刺中，那感觉就像被蝎子、马蜂蜇了一样，准能叫人疼得掉眼泪。这是因为荨麻的表皮毛在作怪，这种毛端部尖锐如刺，上半部分是空腔，基部则有许多细胞组成的腺体，分泌出

一种含有蚁酸、醋酸、酪酸等的混合毒液。一旦被触及，荨麻的刺毛便会断裂，释放出毒液，对人和其他动物产生较强的刺激作用，甚至可能引起儿童或幼畜死亡。正是由于如此，有人特意在粮仓或苗床周围种上荨麻，老鼠碰到后会立即逃之夭夭，因此荨麻又有"植物猫"之称。

而另一种奇特的植物就是马勃菌。如果夜间潜行在南美洲的热带森林，身旁或许会突然爆发出一声巨响，刹那间，在发出巨响的地方同时冒出一股黑烟，使人眼鼻喉奇痒难忍，眼泪、鼻涕流淌不止。究竟是什么东西在暗中捣鬼？没错，就是马勃菌。马勃菌是一种天然真菌，它的样子很像大南瓜，一般有足球那么大。成熟的马勃菌孢子囊破裂，开始进入"防御"状态：一旦不小心被触碰，里面的粉状孢子就会四处喷散，形成黑烟，像催泪弹一样，而马勃菌也借此得到繁殖。

激烈的地盘争夺

有些植物的"气量"很小，它在哪里生长，就容不得哪里有别的植物与它争阳光、争营养。为了维护或扩大地盘，植物与植物之间也不惜大动干戈，展开了激烈的"陆战"和"水战"。

所谓"陆战"，指的是有些植物通过根部向土壤中排放大量毒素，以抑制其他植物的根系吸收能力。桃树能开出妩媚多姿的花朵，因此获得了人们的欢心，古人写诗称赞道："桃花嫣然出篱笑，似开未开最有情"，但实际上，它是一个无情的"粉面杀手"。当桃树生长在某片土地上时，其根部便会分泌出一种名叫"扁桃苷"的化学物质，这种物质能分解出苯甲醛，使土壤"中毒"，桃树自己安然无事，却使其他植物不易在此扎根。苦苣菜也是称霸一方的"陆战"明星，它是一种其貌不扬的杂草，常常生长在玉米、高粱等农作物周围。尽管玉米、高粱的个子比苦苣菜高大得多，但它们都难以生长，甚至会枯萎而死。这是因为苦苣菜根部的分泌物对农作物的生长具有抑制作用。

桉树和紫云英最擅长的是"水战"。据说，美国人曾经从国外引进了桉树，但奇怪的是，只要桉树"落户"的地方，几乎所有的邻近植物都难逃一死。后来，植物学家调查发现，桉树的叶子能释放出一种有毒分泌物，这种分泌物溶于露水和降雨中，会造成水污染，在天然条件下即可使禾本科草类和草本植物丧失战斗力而停止生长。而小小的紫云英，叶子能分泌剧毒元素——硒，每逢下雨天，就是紫云英"大开杀戒"的时候，硒水流到哪里，哪里的异类植物就会被毒死。

科学小常识

有机化学武器

植物的化学武器种类很多，几乎都是有机物，酸类有草酸、肉桂酸、乙酸、氢氰酸等；生物碱类有奎宁、丹宁、小檗碱、核酸嘌呤等；醌类有胡桃醌、金霉素、四环素等；硫化物有萜类、甾类、醛、酮等。这些化学武器隐藏在植物的根、茎、叶、花、果实及种子中，可随时释放。